JN257135

INTRODUCTION to MONTE CARLO METHODS

大野　薫・井川孝之 著

一般社団法人金融財政事情研究会

はじめに

モンテカルロ法（Monte Carlo methods）は、もともと、物理学において中性子の挙動を記述するために開発された、乱数による繰り返しサンプリングのシミュレーション手法である。モンテカルロとは、カジノで有名なモナコ公国の１地区の名称であるが、モンテカルロ法が当初、カードゲームの確率を近似推定するために考案されたことから、科学的乱数シミュレーションがこのように命名されたといわれている。

モンテカルロ法は、数式で答えを求めることがむずかしい場合に、乱数を使ってコンピュータで数値計算することにより答えを推定できる実践的な方法であり、究極の力技といえる。モンテカルロ法が利用され始めた頃は、計算機はごく一部の研究者のみが利用できる非常に高価なツールであったが、近年では科学技術のめざましい発達によって、計算機であり通信手段でもあるコンピュータは、一般の人々も操作し利用できる身近な存在となっている。つまり、一般の人々も、さまざまなむずかしい問題に対して、コンピュータとモンテカルロ法で解を求めることができるようになったのである。

モンテカルロ法の古典的な例題の１つとして、本書でも取り上げている円の面積を数値計算することにより円周率を近似推定する問題がある。これと同様の手法を用いれば、さまざまな図形の面積や体積を計算することが可能になる。また、直観ではとらえにくい定量的で不確実な問題も、乱数を用いた評価により的確にとらえることができる。

モンテカルロ法は、原材料の発注や在庫管理、マーケティングといった企業の戦略的意思決定から、プライベートな物の売買、志望校や専攻の決定、就職、結婚など、多岐にわたって応用が可能である。本書では、モンテカルロ法の概要を説明した後、いくつかの例題とエクセルによる解法を示すことにより、読者が興味をもち理解を深めながら、実践的にモンテカルロ法を応用できる基礎が身につくような構成を心がけた。

本書は、コンピュータを使って分析やシミュレーションをすることに関心のある学生はもちろん、経営戦略やビジネスのさまざまな意思決定を行ううえで、パソコンを使ってもう少し踏み込んだ分析や考察ができないかと考えているビジネスパーソンなど、幅広い読者を想定している。そのため、確率・統計のある程度の基礎的な知識があれば、概要を把握し、実際にコンピュータを使ってモンテカルロ法を利用できるように配慮した。逆にいうと、数学的な厳密性よりも、初学者のわかりやすさを優先していることをご了承願いたい。

モンテカルロ法に関する研究を深めたい読者は、本書で取り上げた基本的な技法や例題を最初のステップとして、経営科学やファイナンスの分野での応用、リアル・オプション分析や意思決定分析、ベイズ統計学に基づく予測への応用など、さまざまな実務的な内容や研究へ展開することができる。これらについてはかなり専門的な内容となるため、本書の末尾にいくつかの参考文献をあげたので、適宜、こちらを参照していただきたい。

モンテカルロ法を利用することにより、文系初学者がこれまで最適解があることなど思いもよらなかった身近で困難な問題にも、より適切に対処するための指針を得ることが可能になる。読者が本書とコンピュータを使って、モンテカルロ法を意思決定における強力なツールとして活用できるようになることを願ってやまない。

　最後に、本書の出版にあたっては、金融財政事情研究会理事の谷川治生氏と、金融財政事情研究会出版部次長の伊藤雄介氏に大変お世話になった。ここであらためてお礼を申し上げたい。

2015年9月

大野　　薫
井川　孝之

【著者略歴】

大野　　薫

1986年イリノイ大学大学院博士課程卒業。Ph.D.　専門は意思決定科学。イリノイ大学研究員、外資系投資銀行等を経て、現在中央大学専門職大学院国際会計研究科教授。

井川　孝之

1990年早稲田大学理工学部卒業。信託銀行、コンサル会社等を経て、現在PwCあらた監査法人勤務。日本アクチュアリー会正会員、年金数理人。中央大学専門職大学院国際会計研究科修了、総合研究大学院大学複合科学研究科統計科学専攻博士課程修了。博士（学術）。

● エクセル・ファイルのダウンロードについて

第３章から第７章で作成するエクセル・ファイルのひな形（テンプレート・ファイル）は、読者の利便性を考えて、㈱きんざいのホームページ（http://store.kinzai.jp/book/12829.html）からダウンロードできるようになっている。

テンプレート・ファイルは、ワークシート上の入出力部分やグラフの設定がすでになされており、読者はワークシートの設定に煩わされることなく、すぐにVBAプログラムに取りかかることができる。ぜひエクセルのテンプレート・ファイルをご活用願いたい。

【商標】

Office、Excel、Windows、Visual Basicは、米国Microsoft Corporationの米国およびその他の国における商標または登録商標です。そのほか、本書中の社名・製品名は、一般に各メーカーの商標または登録商標です。本文中では、TMおよび®マークは明記していません。

目　次

第1章　エクセルVBAの準備

第2章　モンテカルロ法の概要

第3章 円周率の計算

第4章 モンティ・ホール問題

第5章 ランダム・ウォーク

第6章 運命の人との出会い

第7章 最適発注量

第1章

エクセルVBAの準備

本書では、マイクロソフト社のエクセルに付随しているプログラミング機能であるVBA（Visual Basic for Applications）を用いて、モンテカルロ法とその応用例について説明する。このため、準備として、最初にエクセルVBAによるプログラミングを概説する。

エクセルのバージョンは、Excel 2007、2010、2013を想定する。本書で示すエクセルの画面はExcel 2010、2013によるものであるが、Excel 2007においても、基本的には同様である。なお、本書ではエクセルの操作方法について、読者に基礎的な知識があると想定している。

エクセルVBAの機能についてはなじみのない読者が多いと思われることから、VBA初心者のために、後章で例示するプログラムを念頭に、本章でプログラミングの導入的な例を簡単に紹介する。これはVBA全般の解説ではなく、あくまで、モンテカルロ法を活用するための準備として、最低限必要と思われる内容を簡単にカバーするだけなので、より詳しい説明や解説が必要な読者は、各自Webを活用されたい。Web上では、数多くの「エクセルVBAプログラミング講座」が提供されている。エクセルVBAに習熟している読者は、本章をスキップしてもなんら問題はない。

1 エクセルVBAとは

VBAとはマイクロソフト社のVisual Basic for Applicationsの

略で、コンピュータのプログラミング言語である。表計算ソフトのエクセルに付随されているものを、エクセルVBAという。付随とはいえ、機能的には本格的なプログラミング言語と比較して遜色はなく、エクセルがインストールされているパソコンであれば使用することができ、またワークシートも活用できるので、初心者には非常に学習しやすい。

しかしながら、エクセルのワークシート操作に習熟した読者でも、簡単なマクロを除いては、エクセルVBAのプログラミング機能を使ったことはないのではないだろうか。

プログラミングは習うより慣れろで、実践してはじめて身につくものなので、本書を単に読むのではなく、自分で実際にプログラムを入力して、動作を確認してほしい。初心者は「きちんと入力したのにプログラムが走らない」という事態に少なからず直面するはずである。そのような場合は焦らず、問題を一つひとつ解明していくことが、プログラミング能力を獲得するためのいちばんの近道である。

2 VBE（VBAエディタ）

エクセルVBAのプログラムは、VBE（Visual Basic Editor）というエディタを使用するが、ここではVBEを「VBAエディタ」と呼ぶことにする。VBAエディタは、プログラミング用のワープロのようなもので、VBAプログラムの作成と編集を行う。

VBAエディタを開くには、［Alt］キーを押しながら［F11］

キーを押す。Excel 2010、2013では「開発」タブをクリックし、「Visual Basic」を選択しても開ける。もし「開発」タブが表示されていない場合、「ファイル」タブをクリックし、左のメニューから「オプション」を選択、続いて「リボンのユーザー設定」を選択し、右のメインタブのリストの「開発」をチェックして、「OK」ボタンをクリックする。

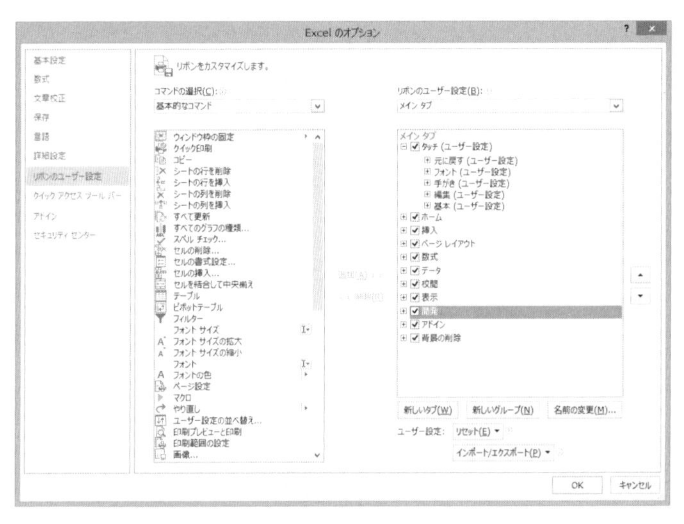

エクセルには、悪意のあるプログラムの実行を防ぐためのセキュリティ機能があり、エクセルVBAを利用するにあたり、セキュリティ・レベルの設定を行う必要がある。これは、「開発」タブの「コード」グループにある「マクロのセキュリティ」をクリックして表示される「セキュリティセンター」の「マクロの設定」で行う。あるいは、「ファイル」タブの「オプション」から「セキュリティセンター」、「セキュリティセンターの設定」を選択し設定する。

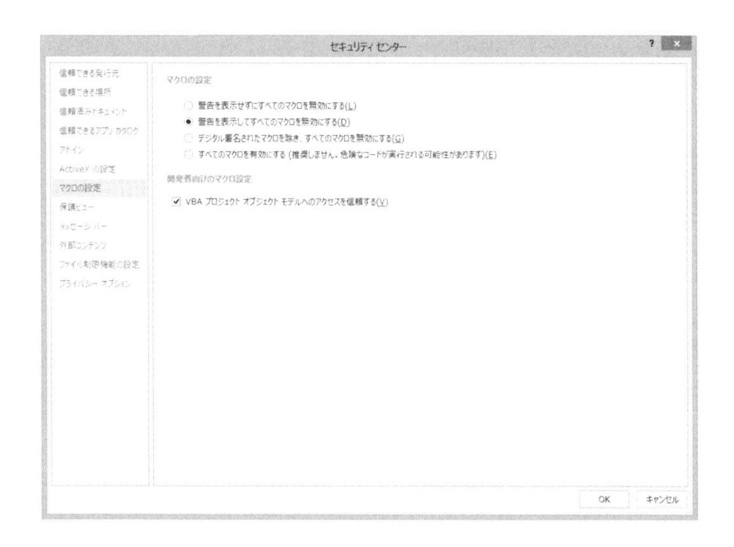

次の図は、VBAエディタを開いたところである。４つのウィンドウが開かれている。

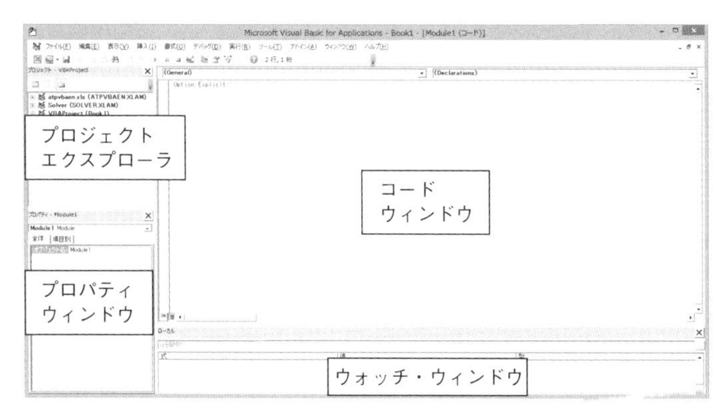

エクセルVBAのプログラムはコード・ウィンドウ内で作成・編集するが、新規のワークブックでは、コード・ウィンドウは開かれていない。これはまだモジュールが挿入されていないからである。モジュールは、プログラムを記録するためのワークシート

のようなもので、１つのワークブックに数多くのモジュールを挿入することができる。大きなプログラムでは、プログラムの構造をわかりやすくするために、通常、複数のモジュールを用いる。

モジュールを挿入するには、「挿入」をクリックし「標準モジュール」を選択する。ほかにも異なるタイプのモジュールがあるが、本書では割愛する。また、本書では取り上げないが、コード・ウィンドウ以外のウィンドウもVBAプログラミングに役立つものであり、プログラミングが上達するにつれ活用できるよう、ヘルプやWebを適宜参照されたい。

先の図では、コード・ウィンドウのいちばん初めに、「Option Explicit」と記入されている。「Option Explicit」は、モジュール内のすべての変数に対して、明示的な宣言を強制するというVBAのステートメントである。これは初心者がプログラミング・ミスを防ぐために非常に重要なものなので、必ずモジュールの初めに記述するようにしよう。また、Visual Basicの［ツール(T)］→［オプション(O)］→［編集］→［変数の宣言を強制する(R)］をチェックしておくと、新しいモジュールが挿入されるたびに、いちばん初めに「Option Explicit」ステートメントが自動的に記述されるようになるので、そのように設定しておくとよいだろう。

なお、Excel 2007以降のバージョンから、エクセルVBAプログラムを含むワークブックは、通常のファイル形式の拡張子「.xlsx」ではなく、拡張子「.xlsm」形式で保存しなければならなくなった。通常のファイル形式の拡張子「.xlsx」を選択すると、作成したエクセルVBAプログラムは削除されてしまうので、注

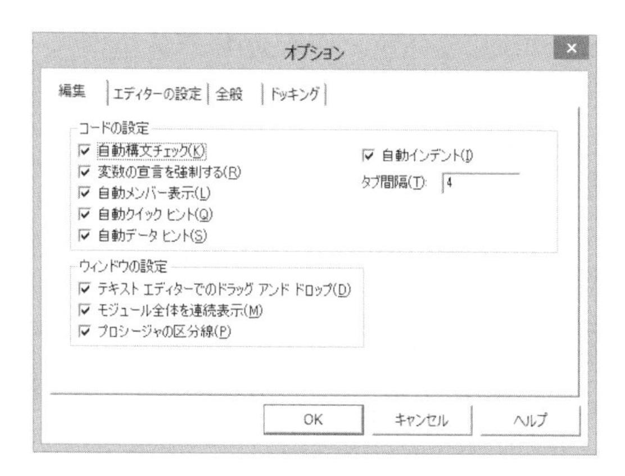

意されたい。

以上でプログラムを書く準備が整った。エクセルVBAエディタは普通のワープロのように文章を入力・編集できるので、「習うよりは慣れろ」の格言にのっとって、さっそくプログラムを書いてみよう。

3 プログラミング

ここでは、エクセルVBAのいくつかのプログラムを例示し、基本的なプログラミング方法について解説する。

(1) プログラム1（プロシージャの基本、変数の定義と出力）

最初に、数値と文字をワークシートのセルへ入力するための簡単なプロシージャを作成してみる。

VBAのプロシージャとはいわゆるエクセルのマクロで、ひとまとまりの処理単位を形成する。プロシージャにはSubプロシージャ、Functionプロシージャ、Propertyプロシージャの３種類があり、プログラムが大きくなると複数のプロシージャが集まって構成される。本書ではSubプロシージャとFunctionプロシージャを用いる。

［手順１］　VBAエディタを開き、「標準モジュール」を挿入後、モジュールの最初の行に「option explicit」と入力し［Enter］を押す。「Option Explicit」に変わる。すでに入力されている場合、再入力は必要ない。

［手順２］　プログラムを見やすくするため、１、２回［Enter］を押して、空行を入れる。

［手順３］　「**'プログラム１**」と入力し［Enter］を押す。VBAエディタは「'」以降の文字列をプログラムのステートメントではなく、コメントであると認識し、緑色で表示する。コメントの「プログラム１」は、プログラムの実行時にスキップされる。
大きなプログラムでは、バグとり（プログラミング・ミスの修正）や、後で見直すときにコメントがないと、具体的に何をやっているのかわからなくなってしまうことが多い。このため、プログラムがわかりやすくなるように、コメントをつけることが重要になる。

［手順４］　「sub Program1」と入力し［Enter］を押す。「s」が大文字にかわり、最後に「()」が付加される。これは「Sub」がVBAのプロシージャの開始を表すステートメントであるとVBAエディタが認識したためで、紺色で表示される。入力ミスがある場合は大文字に変換

されないので、エラーチェックに便利な機能である。また、自動的に加えられた「()」は、「Program1」が引数（ひきすう）なしのプロシージャ名として認識されたことを意味する。引数とは、サブルーチンとの間で値をやりとりする際に用いるものである。

さらに、1行空けて「End Sub」が自動的に挿入されたはずである。これはこのSubプロシージャの終わりを意味し、プログラムの本文となるコードはその間に入力する。

［手順5］ スペースを2つ空け、「dim Var1 as integer」と入力し、［Enter］を押す。変数の宣言時に変数名の一部を大文字にしておくと、後で入力ミスを発見しやすくなる。ここでは最初の文字を大文字にしている（Var1）。

［手順6］ 「dim Var2 as string」と入力し、［Enter］を押す。

［手順7］ 「var1 = 1」と入力し、［Enter］を押す。VBAエディタはアルファベットの小文字と大文字を区別しないが、宣言された変数名であれば、VBAエディタが認識し、宣言時のものに変換する。したがって「var1」が「Var1」に変わる。これも入力ミスの発見に役立つ便利な機能である。

［手順8］ 「var2 = "A"」と入力し、［Enter］を押す。

［手順9］ 「let cells(1,1).value = var1」と入力し、［Enter］を押す。

［手順10］ 「let cells(2,1).value = var2」と入力し、［Enter］を押す。

入力が完了すると、VBAエディタは以下のようになる。なお、ここでは見やすいように空行を挿入している。

```
Option Explicit

'プログラム1
Sub Program1()

  Dim Var1 As Integer
  Dim Var2 As String

  Var1 = 1
  Var2 = "A"

  Let Cells(1, 1).Value = Var1
  Let Cells(2, 1).Value = Var2

End Sub
```

Dimは変数を宣言するステートメントで、変数Var1は整数型、変数Var2は文字列型で定義される。主なデータ型については、表1.1にまとめてある。

コンピュータ・プログラムは、実行速度を速くするために、メモリーの使用を少なくするのが基本となる。そこで同じ整数型でも、格納する可能性がある最大数を事前に考えて、IntegerとLongを使い分けることになる。なお、小数点型も２つのタイプがあるが、科学的計算では精度が重要になるので、通常はSingleではなく、精度が２倍で表示可能範囲も格段に広いDoubleを用

表1.1　主なデータ型

データ型	使用メモリー	範囲等
Integer（整数型）	2バイト	−32,768〜32,767の整数値
Long（長整数型）	4バイト	−2,147,483,648〜2,147,483,648の整数値
Single（単精度浮動小数点型）	4バイト	小数点を含む数値
Double（倍精度浮動小数点型）	8バイト	Singleよりも大きい桁の小数点を含む数値
Date（日付型）	8バイト	日付・時刻
String（文字列型）	10バイト＋文字列の長さ	文字列。可変長と固定長の2種類。
Boolean（ブール型）	2バイト	TrueまたはFalse
Variant（バリアント型）	16バイト（数値）、22バイト＋文字列の長さ（文字列）	すべてのデータ型を格納可能

いる。

Letは変数に数値や文字列などを代入するときのベーシック言語のステートメントであるが、VBAではあまり使われることはなく省略可能である。本書ではこれ以降省略する。

Cells（行，列）はワークシートのセルを指定する。Cells（1, 1）は、ワークシートの第1行目第1列で、セルA1を指している。同様に、Cells（2, 1）はセルA2を指す。

「.Value」は、セルというオブジェクト[1]のプロパティ（属性）を表している。ワークシートのセルには、値（value）のほかに、数式やフォント、表示形式などいろいろなプロパティがあるが、ここでは「.Value」がセルの値というプロパティを指定している。「.Value」も省略可であるが、VBAプログラミングではオブジェクトのプロパティという概念に慣れることは重要であり、省略せずに用いることにする。

このプログラムを実行するため、ワークシートに移動する。ワークシートのセルA1～A2に何も入力されていないことを確認した後、［開発］→［マクロ］をクリックすると、実行可能なマクロを選択するウィンドウが開くので、Program1を選んで［実行］をクリックする。

Program1が実行され、以下のようにセルA1に数値「１」が、

1　オブジェクトとは、操作の対象となるなんらかのものであり、プログラムが扱う対象である。

セルA2に文字「A」が入力される。

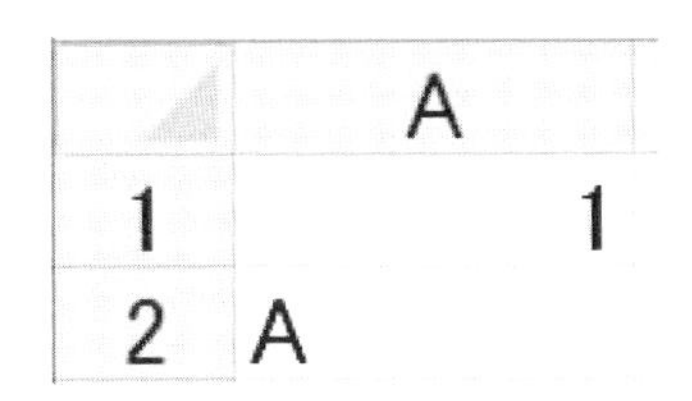

[プログラム1の要点]

① Subプロシージャ

```
Sub プロシージャ名（引数リスト）
  処理1
    :
  処理n
End  Sub
```

② 変数の定義

Dim 変数名 As データ型

データ型を指定しない場合、変数はバリアント型（Variant）となる。バリアント型は、メモリーを多く必要とし計算速度が遅くなるのと、プログラミング・ミスにつながりやすいため、避けたほうがよい。

(2) プログラム2（入力、実行ボタン）

プログラム2では、プログラム1を部分的に変更して、セル

A1に入力されている数字とセルA2に入力されている文字列を、それぞれ変数Var1とVar2に読み込む。次にVar1とVar2に格納された内容を、順序を変えて合成し、セルA3とA4に表示する。この時、数字と文字列を直接結合することはできないので、数字を文字列に変換してから合成する。プログラム２は、次の手順で作成する。

［手順１］「Program1」をすべてコピーし、２、３行空けて、下に貼り付ける（ペースト）。

［手順２］貼り付けた「Program1」の名前を「Program2」に変更する。

［手順３］「Var1 = 1」を「Var1 = Range("A1").Value」に変更する。

［手順４］「Var2 = "A"」を「Var2 = Range("A2").Value」に変更する。

［手順５］「Let Cells(1, 1).Value = Var1」を「Cells(3, 1).Value = CStr(Var1) & Var2」に変更する。

［手順６］「Let Cells(2, 1).Value = Var2」を「Cells(4, 1).Value = Var2 & CStr(Var1)」に変更する。

プログラム２は、以下のようになる。

```
'プログラム2
Sub Program2()

  Dim Var1 As Integer
  Dim Var2 As String
```

```
    Var1 = Range("A1").Value
    Var2 = Range("A2").Value

    Cells(3, 1).Value = CStr(Var1) & Var2
    Cells(4, 1).Value = Var2 & CStr(Var1)

End Sub
```

「Var1 = Range("A1").Value」は、変数Var1にワークシートのセルA1の値を格納するステートメントであり、Rangeはワークシートのセルを参照するもう1つの方法である。Rangeでは、複数のセルまたはセル範囲も指定できる。Valueプロパティは省略可能である。

値を入れた後の次の2行は、Var1を文字列へ変換したうえでVar2の値と結合し、結果をワークシートのセルA3とA4に書き出すステートメントである。CStr(Var1) は、数値を文字列に変換するVBA関数で、「 & 」は文字列同士を結合する文字列連結演算子である。セルA1とA2に、それぞれ「1」と「A」が入っていた場合、このプログラムを実行すると以下のようになる。

	A
1	1
2	A
3	1A
4	A1

セルA1とA2の入力数値を変えていろいろと試してみるとよい。何度も同じプログラム（マクロ）を実行する場合は、ワークシートにマクロ実行ボタンを作成してプログラムを登録しておくと、ワンクリックで実行できるので便利である。

ワークシート上にマクロ実行ボタンを作成しプログラムを登録するには、「開発」タブ→「挿入」→「フォームコントロール」で「ボタン」を選んで設定する。ボタンに表示された文字列は変更できるので、登録するプログラムの内容がわかる名前などをつけておくとよいだろう。

以下はマクロ実行ボタンの作成例である。

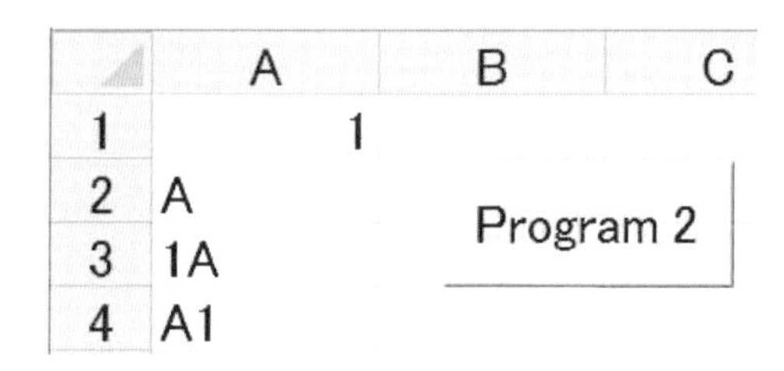

上のマクロ実行ボタン［Program2］をクリックすると、Program2が実行される。

⑶　プログラム３（繰り返し処理）

コンピュータ・プログラムの特技は、人間とは違って同じ事を飽きることなく何度でも繰り返せることである（実際、止めなければ永遠に繰り返す！）。プログラム３では、同じ処理を、指定した回数、繰り返し行うことを考える。プログラム１は「１」と「A」しか出力しないが、これを「１」から指定した数までの数値と、「A」を出力するように変更する。プログラム１をモジュールの下にコピー＆ペーストして、以下のように修正する。

```
'プログラム3
Sub Program3()

  Const OutputNo = 10

  Dim i As Integer, j As String

  i = 1
  j = "A"

  For i = 1 To OutputNo
    Cells(i, 1).Value = i
    Cells(i, 2).Value = j
  Next i

End Sub
```

「Const」は、定数を宣言するステートメントである。定数は、プログラム内で値を変更することができない。一方、変数は、プログラムの実行中に必要に応じて何度でも値を変更することができる。「Const」の後の「OutputNo」は10という値を格納する定数名である。

次の行の「For」～「Next」は、Forループと呼ばれる構造で、ループ内の指定された処理を繰り返す。この例では、ループ・カウンターの変数ｉに最初に1が指定され、それからループを1回まわるごとに、ｉに1を足しながら、ｉがOutputNoの値になるまで繰り返す。

ループ内では、「Cells(i, 1).Value = i」と「Cells(i, 2).Value = j」という2つの処理が行われる。ワークシートに書き出すセルの行はどちらもカウンター変数 i で指定しているので、 i が増加するにつれて、書き出すセルも1行目、2行目……と下に移動する。そして1列目のA列には「1, 2, 3, ……」と変数 i の値が出力され、B列には変数 j に格納された「A」が出力される。プログラムを実行すると以下のようになる。

	A	B
1	1	A
2	2	A
3	3	A
4	4	A
5	5	A
6	6	A
7	7	A

仮にA列に1～1,000を出力させたい場合は、「Const OutputNo = 1000」に変更するだけでよい。ConstとDimはそれぞれ定数と変数を宣言しているが、これらは通常、プログラムの内容が理解しやすいように最初に置かれる。

[プログラム3の要点]

① Forループの基本構造

```
For カウンター変数 = 開始値 To 終了値 Step ステップ数
    処理1
```

```
    :
  処理n
Next  カウンター変数
```

カウンター変数のステップ数を指定することも可能である。

② Const定数名［Asデータ型］= 値

データ型の指定は省略可能である。本書では、プログラムの読みやすさを優先してデータ型を省略する。

(4) プログラム4（条件文）

プログラム3では、カウンター変数iの値（1からOutputNoまでの数字）をA列に順に出力し、その隣のB列に「A」を出力したが、プログラム4では、変数iに格納された整数がある条件を満たした場合と、満たしていない場合で、出力する内容を変えてみる。具体的には、カウンター変数iに格納された整数の下一桁が「5」か否かを判別し、「5」の場合は「当たり」を、そうでない場合は「はずれ」を出力する。

問題は、整数の下一桁が「5」か否かの判別をどのように行うかである。ここでは、10で割ったときのあまりが5になるということを利用する。表1.2にVBAの演算子をまとめてあるが、すでに触れた代入演算子「=」や文字列連結演算子「&」のほか、算術演算子、比較演算子、論理演算子がある。

このなかで、算術演算子のMod（剰余）は剰余演算を行い、x Mod yは、xをyで割ったときのあまりを返す。これを用いて整数の下一桁が「５」であることを判別する。具体的には、カウンター変数iに格納された整数を10で割って、あまりが５になるかどうか確認すればよい。すなわち、i Mod 10 = 5の場合が“当たり”である。

もし整数の下一桁が５なら“当たり”を表示し、それ以外なら“はずれ”を表示するためには、「もし……ならば」という条件付処理構造を用いる。VBAでは「If－Then」ステートメントがこれに当たる。

表1.2　VBAの代表的な演算子

種　類	演算子
代入演算子	＝
算術演算子	＋（加算）、－（減算）、*（乗算）、/（除算）、Mod（剰余）、^（べき乗）
比較演算子	<（より小さい）、>（より大きい）、<=（以下）、>=（以上）、＝（等しい）、<>（等しくない）
文字列連結演算子	&（２つ以上の文字列を連結） ＋（２つ以上の文字列を連結）
論理演算子	And（論理積：かつ）、Or（論理和：又は）、Not（否定）

「If－Then」ステートメントの構造は、次のようになる。

```
If 条件式 Then
  処理 1
    :
  処理 n
End If
```

条件式を満たしたらIfの後の処理を行い、そうでない場合は処理をスキップする。なお、処理が１つのときは１行にまとめて書くことも可能で、この場合、「**If 条件式 Then 処理**」となり、End Ifはつかない。

条件式を満たさない場合にも処理を行う場合は、「If－Then－Else」ステートメントになる。この場合、条件を満たさない場合は、必ずElseで指定された処理を行う。

```
If 条件式 Then
  処理A1
    :
  処理An
Else
  処理B1
    :
  処理Bn
End If
```

また、条件1を満たさない場合に、もし条件2を満たしたらというように、最初の条件の後にほかの条件処理がある場合は、「ElseIf」を用いて、Elseの前に追加する。

```
If 条件1 Then
  処理A1
     :
  処理An
ElseIf 条件2 Then
  処理B1
     :
  処理Bn
Else
  処理C1
     :
  処理Cn
End If
```

ほかにもまだ条件があれば、ElseIfを加えていく。

以上から、プログラム4は次のようになる。

```
'プログラム4
Sub Program4()

  Const OutputNo = 100
```

```
  Dim i As Integer, j As String, k As String

  i = 1
  j = "当たり"
  k = "はずれ"

  For i = 1 To OutputNo

    Cells(i, 1).Value = i

    If i Mod 10 = 5 Then
      Cells(i, 2).Value = j
    Else
      Cells(i, 2).Value = k
    End If

  Next i

End Sub
```

プログラム４を実行すると、ワークシートには以下のように表示される。

	A	B
1	1	はずれ
2	2	はずれ
3	3	はずれ
4	4	はずれ
5	5	当たり
6	6	はずれ
7	7	はずれ

(5) プログラム5（VBAの関数）

次に、整数の下一桁が5か否かを判別する部分を、VBAの関数（Function）プロシージャとして独立させてみよう。VBAの関数は、エクセルのワークシート関数と同様の働きをする。

FunctionはVBAプログラムのプロシージャであるが、Subプロシージャとの基本的な違いは、Functionが値を返すということである。たとえば、ワークシート関数のSUMは、指定した範囲の合計値を返すが、VBAの関数も同じである。Functionプロシージャの基本的な構造は次のとおりである。

```
Function 関数名（引数リスト）As データ型
　処理1
　　：
　処理n
　関数名 =（値）
End Function
```

関数には返す値のデータ型が指定され、引数リストで受け取った値を使って処理を行い、返り値を関数名に格納する。

整数の下一桁が５か否かを判別する関数を記述すると、次のようになる。

```
Function FiveJudge (ByVal Number As Integer) As Boolean

  If Number Mod 10 = 5 Then
    FiveJudge = True
  Else
    FiveJudge = False
  End If

End Function
```

関数の名前はFiveJudgeで、返す値のデータ型はBoolean（TrueかFalse）である。この関数にはNumberというInteger型の引数が１つ渡されるが、関数の宣言部分で、Numberの前につけられたByValは、値渡しを指定している。関数に引数を渡すもう１つの方法には、参照渡し（ByRef）がある。

値渡しと参照渡しの違いは、初心者にはなかなか理解するのがむずかしいものの１つである。値渡しは呼出し元のプログラムから関数に「値」だけを渡し、参照渡しは値のかわりに元の変数の「住所」を渡す。したがって、Function内でNumberに新しい値を代入した場合、値渡しでは元のプログラムの変数の値は変わらないが、参照渡しでは呼出し元の変数の値が変わってしまうことになる。これは予期せぬプログラムの誤作動の原因になりかねない。なお、VBAではByRefがデフォルトであり、引数の前に何もつけないと参照渡しになってしまうので注意が必要である。本書では、基本的に参照渡しを避け、値渡し（ByVal）を用いる。

作成したFiveJudge関数は、他のVBAプロシージャで使うために書いたものだが、ワークシート上でも普通のワークシート関数と同じように使うことができる。ワークシートのセルB1に「＝FiveJudge(A1)」と入力すればFALSEが帰ってくるはずである。B2以降のB列にも同様に入力すると、以下のようにA列に入力された整数の下一桁が5の場合のみTRUEが帰ってくる結果となる。

	A	B
1	1	FALSE
2	2	FALSE
3	3	FALSE
4	4	FALSE
5	5	TRUE
6	6	FALSE

この関数を用いたProgram5は次のようになる。

```
'プログラム5
Sub Program5()

  Const OutputNo = 100

  Dim i As Integer, j As String, k As String
```

```
  i = 1
  j = "当たり"
  k = "はずれ"

  For i = 1 To OutputNo

    Cells(i, 1).Value = i

    If FiveJudge(i)Then
      Cells(i, 2).Value = j
    Else
      Cells(i, 2).Value = k
    End If

  Next i

End Sub
```

(6) プログラム6（繰り返し：Do（While, Until））

繰り返し処理の方法としてForループを説明したが、プログラム6ではDo（While、Until）ループを紹介する。

Forループがあらかじめ決められた回数を繰り返すのに対し、Doループでは毎回ループから脱出する条件を吟味し、もし脱出条件が満たされれば、ループから抜け出す。

Whileは、条件が満たされている間はループを繰り返すループ処理で、Untilは条件が満たされるまでループを繰り返す処理である。いずれもループの最初に条件式をもつものと、最後にもつタイプがある。条件式が最後にある場合は、必ず１回はループ内に入るのに対し、条件式が最初にある場合は、１回もループに入らないこともありうる。

[条件式が最初にあるDoループ]

```
Do While 条件式
  処理 1
     :
  処理 n
Loop

Do Until 条件式
  処理 1
     :
  処理 n
Loop
```

[条件式が最後にあるDoループ]

```
Do
  処理 1
     :
  処理 n
Loop While 条件式

Do
  処理 1
```

```
      :
    処理 n
  Loop Until 条件式
```

後章で取り上げる例題では、ある決まった試行回数（たとえば5万回）を必ず繰り返す場合にはForループを用い、ある条件を満たした場合に繰り返し処理を終了する場合には、Doループを用いることになる。

Do Whileを用いた次のプログラム6をみてみよう。実行するとForループを用いたプログラム3と同様の結果が得られる。

```
'プログラム6
Sub Program6()

  Const OutputNo = 10

  Dim i As Integer, j As String

  i = 1
  j = "A"

  Do While i <= OutputNo
    Cells(i, 1).Value = i
    Cells(i, 2).Value = j
    i = i + 1
  Loop

End Sub
```

ループ・カウンターはｉであるが、DoループではForループと異なりｉが自動的に増えていかない。したがって、初期値を設定し、繰り返すごとに１を足していく必要がある。Doループを用いる場合、実行前に必ずループから抜け出せるようにプログラムされているか、確認することが重要である。もしプログラムし忘れると「無限ループ」にはまって、永久に抜け出せなくなってしまうかもしれない！（幸いにも、VBAでは［Esc］を押すことによって「無限ループ」から抜け出すことができる）

⑺　プログラム７（条件文：Select Case）

条件判断による処理として、すでにIf文を説明したが、ここではSelect Case文による条件判断処理を紹介する。具体的には、次のようなかたちとなる。

```
Select Case 変数
  Case 値１
    処理A1
      :
    処理An
  Case 値２
    処理B1
      :
    処理Bn
  Case Else
    処理C1
```

```
        :
      処理Cn
  End Select
```

Select Caseは、変数の値によって処理を分岐する。プログラム4をSelect Caseを使って書き変えてみよう。プログラム4では、整数の下一桁が5の場合のみ“当たり”であったが、ここではCaseを用いて、下一桁が7の場合は従来の“はずれ”ではなく“もう1回”と表示させることにする。

```
'プログラム7
Sub Program7()

  Const OutputNo = 100

  Dim i As Integer, j As String
  Dim k As String, l As String

  i = 1
  j = "当たり"
  k = "はずれ"
  l = "もう1回"

  For i = 1 To OutputNo

    Cells(i, 1).Value = i

    Select Case i Mod 10
```

```
      Case 5
        Cells(i, 2).Value = j
      Case 7
        Cells(i, 2).Value = l
      Case Else
        Cells(i, 2).Value = k
    End Select

  Next i

End Sub
```

Select Case文は、If文よりも見やすいのが特徴である。一方、If文には、異なる条件式を用いることができるメリットがある。プログラム７を実行すると、次のようになる。

	A	B
1	1	はずれ
2	2	はずれ
3	3	はずれ
4	4	はずれ
5	5	当たり
6	6	はずれ
7	7	もう1回
8	8	はずれ

以上でエクセルVBAの準備は終了となる。基本的な処理の概要について学んできたが、初心者の多くは全然説明が足りないと感じているだろうし、ある程度以上VBAの経験がある読者には目新しいものがなかったかもしれない。VBAプログラミングが

習得途上の読者は、必要に応じ、市販されている数多くのエクセルVBA入門書やWebを参照してほしい。本書では、この後、第２章でモンテカルロ法の概要を学んだ後、第３章以降ではVBAでプログラミングをしながら例題を解いていく。

第2章

モンテカルロ法の概要

1 モンテカルロ法の由来

「モンテカルロ法」とはざっくりいえば乱数によるシミュレーションを指すが、名前のモンテカルロは地名であり、フランスの南にあるモナコ公国の4地区の1つである。ラリーやF1グランプリの舞台としてよく知られているモンテカルロは、ハイソなギャンブルの高級保養地としても有名で、国営の賭博カジノをはじめ、ゴルフ場、水泳場、美術館、豪華ホテル等が同地区に集まっている。モナコ公国の財政の大半がカジノからの収入によっていることは、賭博（ランダム）からモンテカルロが連想される大きな理由となっている。

科学的な乱数シミュレーションがモンテカルロ法と呼ばれるようになったのは、第二次世界大戦中、アメリカのロスアラモスでの原子爆弾の開発において、シミュレーションのコード名に「モンテカルロ」が用いられたことに由来する。これは疑似乱数の製造技術ともいえるもので、1950年代には、物理学者のフォン・ノイマンが中性子減衰に伴う問題についての論文で、ランダム・サンプリング技術のことを、モンテカルロ技術としている。

「モンテカルロ法」とは、乱数を生成し、仮定した確率に基づき、求めたい値を計算し評価する手法である。このため、確率の考え方やその取扱いについて理解することが「モンテカルロ法」を習得する出発点となる。

2 確　率

「確率」とは、ある出来事が起きる度合いを表す。よく引き合いに出される例がコイン投げである。コインを投げると、「表が出る」か「裏が出る」かのどちらかであるが、この2つがコイン投げの「出来事（事象）」である。

数学的に取り扱う場合は、出来事（事象）を「確率変数」としてXで表した場合、「表が出る」場合を$X=1$、「裏が出る」場合を$X=2$などと定義する。それぞれの出来事（事象）が起きる回数を何回も測定していくと、コインにゆがみがない限りは2回に1回の度合いで裏と表がそれぞれ現れるようになる。このとき、確率2分の1で「表が出る（$X=1$）」が起き、確率2分の1で「裏が出る（$X=2$）」が起きるなどという。

事象（X）	1（表が出る）	2（裏が出る）
確率	1/2	1/2

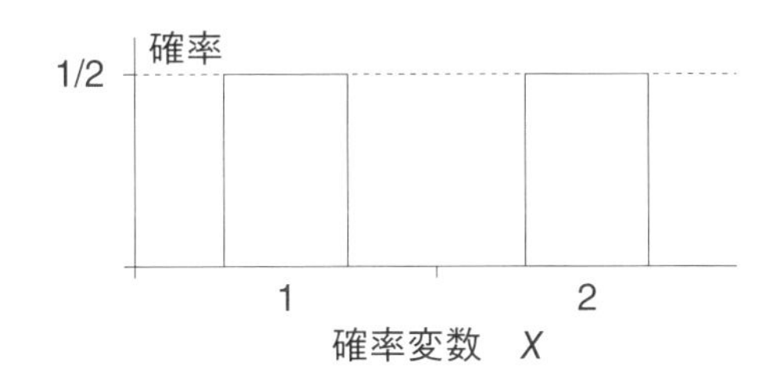

次に、サイコロの例を考えてみよう。立方体（正六面体）のサ

イコロの各面には、1から6までの数字が書かれていて、サイコロを1回振ったときに出る目をXとする。$X=1, 2, 3, 4, 5, 6$であり、サイコロにゆがみがなければ、各目の出る確率はそれぞれ6分の1となる。

事象（X）	1	2	3	4	5	6
確率	1/6	1/6	1/6	1/6	1/6	1/6

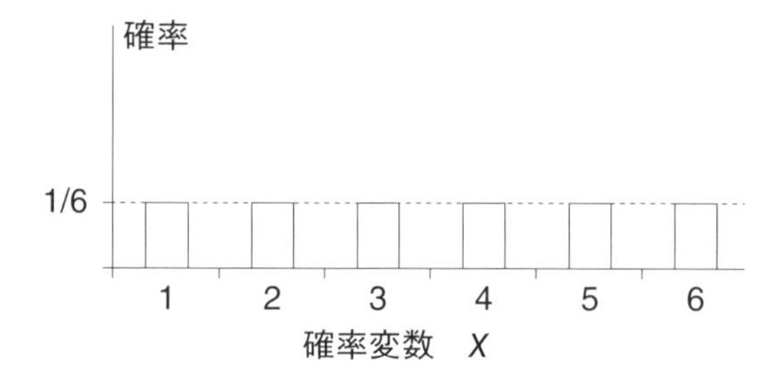

サイコロ振りの繰り返し試行において、次に出る目は、それまでに出た目とは無関係である。「5」が3回続けて出たからといって、次に「5」の出る確率が増えるわけではない。これはコイン投げの例にもいえる。このように、ある試行が他の試行に影響を及ぼさない「独立試行」では、試行回数が増えるにつれて、得られる経験的（あるいは統計的）確率は理論的確率に近づいていく。これを「大数の法則」と呼ぶ。

3 正規分布

コインやサイコロの場合と同様に考えれば、さまざまな出来事（事象）に対し、確率を対応させることができる。たとえば、2013年度の全国の高校3年生男子の平均身長は170.7cmで、標準偏差は5.77cmだった。身長の分布が釣鐘型（正規分布）をしていて、総数が50万人だと仮定したら、高校3年生男子の身長は図2.1のようにとらえることができる。

「正規分布」は、自然界に多く現れる分布のかたちで、数学者ガウスが誤差の分析に用いたことから「ガウス分布」とも呼ばれる。平均値（期待値）を中心にした左右対称の釣鐘型で、平均値からのばらつきは標準偏差で表される。

ちなみに学力測定で広く用いられる偏差値とは、平均と標準偏差で正規化した値で、これによりテスト間の平均点やばらつきの

図2.1　高校3年生男子の身長

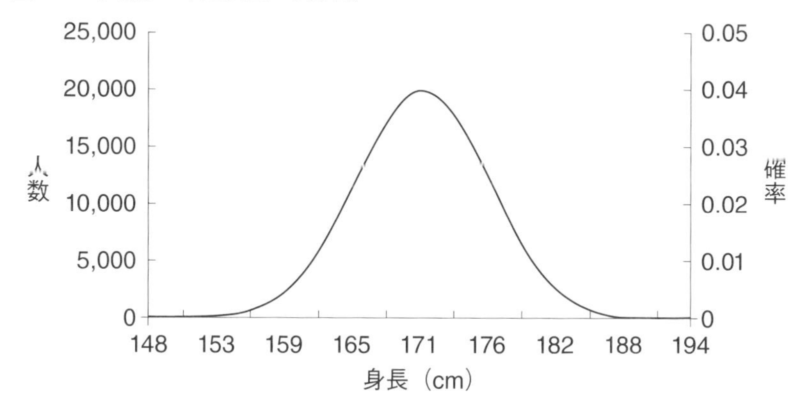

影響を受けることなく、比較が可能になる。

 さまざまな確率分布

モンテカルロ法によるシミュレーションでは、実際に観察されたデータをもとに、さまざまな「確率分布」を仮定する。ここでは、代表的な「確率分布」を簡単に紹介する。

(1) 一様分布

ある区間の数値が同じ確率で起きる場合の確率分布を「一様分布」という。たとえば0から10,000までの間の数が一様な確率で起きる場合等が該当する。図2.2はこれをグラフで表したものだが、一様分布は横一線のかたちになる。

図2.2 一様分布の例

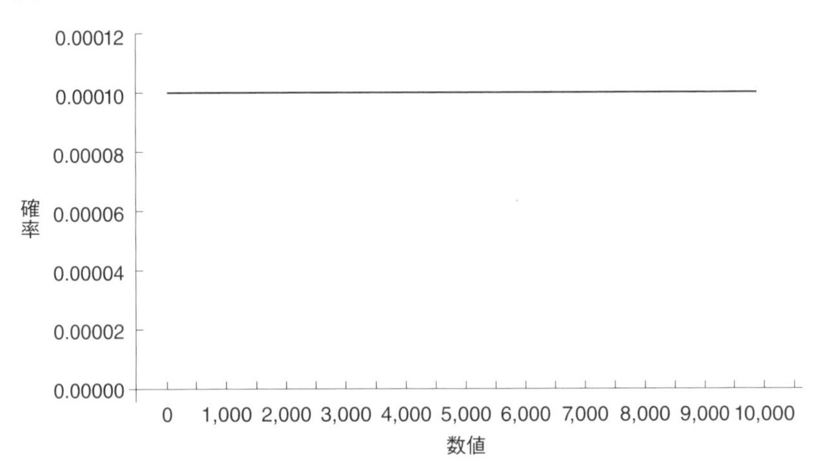

通常、コンピュータの一様乱数ジェネレータは実数を出力するので、上記の1から10,000までの整数が一様な確率で発生するといった場合には、ある区間の数値を一定区間に区切ることで対応する。先に述べたコイン投げやサイコロ振りの例も、一様分布に該当する。

(2)　2項分布

結果が二通りある試行において、一方の結果が起きる確率をp、もう一方の結果が起きる確率を$1-p$とすると、その試行をN回繰り返した場合に、一方の結果が得られる回数の確率を表す分布が「2項分布」である。

具体例をあげると、くじが100本あり「当たり」が5本含まれていたとする。くじは引いたらまた元に戻すと仮定すると、100回くじを引いて「当たり」が出る回数の確率分布は、2項分布になる。この場合、100本中5本が「当たり」くじなので、確率pは5%、試行回数Nは100回である。

2項分布は、図2.3のように、pの値によって異なるかたちになる。図からみてとれるが、平均や標準偏差が大きくなると、2項分布は正規分布に近づいていく。図2.3では、「当たり」数が10本で$p=10\%$とした場合の2項分布が、正規分布と形状が似たものになっている。

(3)　ポアソン分布

ポアソン分布とは、一定期間内にある出来事が発生する回数を確率変数とする確率分布であり、一般に、事件や事故等のまれに

図2.3　2項分布の例

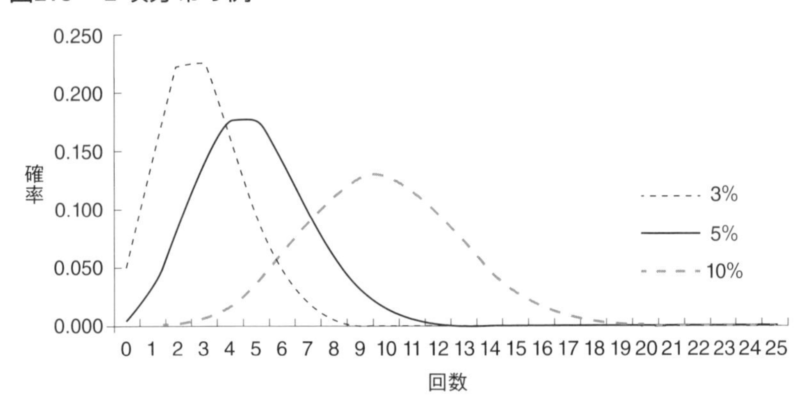

起きる事象に対し適用される。

具体的には、ある交差点における交通事故の件数や、1時間当りの問合せ電話の回数、さらには巨大地震の発生確率等があげられる。また、昔、馬に蹴られて死亡した兵士の数に適用された例もある。

ポアソン分布の形は、単位時間に出来事が発生する平均的な回数をλ（ラムダ）とすると、図2.4のようになる。

試行回数が非常に多く、ある出来事が発生する確率が非常に小さい場合、ポアソン分布は2項分布で近似することができる。

(4)　その他の確率分布

このほかにも、さまざまな確率分布があり、表2.1にはいくつかの代表的なものをまとめてある。これらの確率分布は、実データの分布を表すほか、統計的な検定にも使われる。かなり専門的な内容となるため、さらに詳しく知りたいという読者は、参考文献に掲げた書籍等を適宜参照いただきたい。

図2.4　ポアソン分布の例

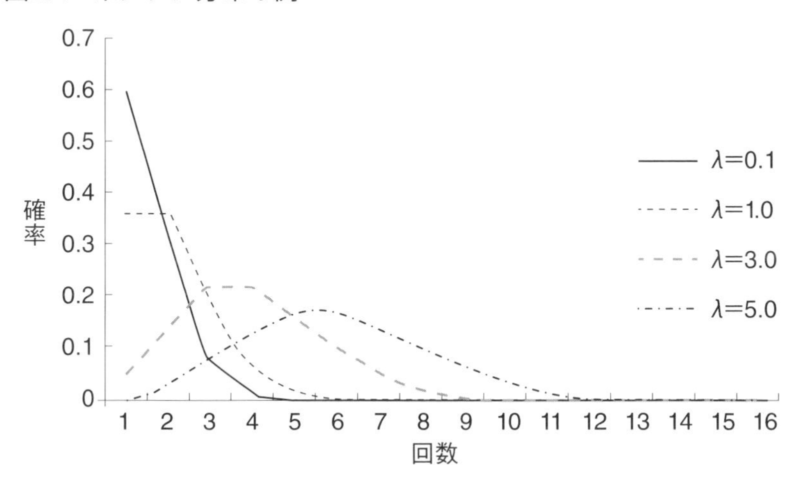

表2.1　代表的な確率分布

確率分布の名称	概　要
多項分布	2項分布における出来事を3以上とした場合の確率分布
負の2項分布	定めた回数出来事が起きるまでの施行回数の確率分布
超幾何分布	2項分布において非復元抽出する場合の確率分布
多変量正規分布	確率変数が1つでなく複数の正規分布
対数正規分布	対数値が正規分布に従う確率分布
指数分布	出来事が起きるまでの期間の確率分布
パレート分布	所得の分布を表すために開発された確率分布
ワイブル分布	物体の強度を表すために開発された確率分布

ガンマ分布	部品の寿命等を表すために用いられる確率分布
カイ２乗分布	統計的検定等において用いられる確率分布
ｔ分布	
Ｆ分布	
ベータ分布	独立に一様分布に従う確率変数を順番に並べたとき、ある順位の確率変数が従う確率分布

5　乱　数

モンテカルロ法によるシミュレーションでは、確率分布に従う確率変数をコンピュータで定量的に扱うために「乱数」を用いる。以下、乱数列とエクセル・ワークシートにおける乱数の生成方法について説明する。

(1)　乱 数 列

乱数列とは、連続した数値であり、規則性も再現性もなく、予測不可能なものである。

たとえば、「完璧なサイコロ」を振って出る目は真の乱数列である。しかしながらサイコロを振って何万、何十万という乱数を得るのは現実的な方法とはいえず、また、完璧なサイコロがはたして存在するのかという問題もある。放射性元素の崩壊や宇宙放射線等々の物理現象を利用して真の乱数列を得る技術もあるが、大がかりであり、時間もかかるので、モンテカルロ法には用いられない。

モンテカルロ法によるシミュレーションで用いられる乱数は、一定のアルゴリズムに基づきコンピュータによって生成された数値であり、疑似乱数と呼ばれる。

疑似乱数を生成する代表的な方法としては、線形合同法があるが、慎重に考案されたものは長い周期性をもち、これが各種計算に問題とならない範囲で利用されてきている。また、近年ではメルセンヌ・ツイスターといった、桁違いの超長周期をもつアルゴリズムも開発され、科学シミュレーションなどで、広く活用されている。

疑似乱数の生成方法は１つの学術分野を形成していて、それだけで１冊の本になるほど専門的で奥の深いものであるが、本書はモンテカルロ法の概要を習得することが目的なので、次項で説明するエクセルの乱数関数を用いることとする。ただし、現状におけるエクセルの乱数は、本格的な科学シミュレーションには必ずしも満足できるランダム性を担保していないので、重要なモンテカルロ・シミュレーションを行いたい読者は、難易度は格段に高くなるが、参考文献に掲げたいくつかの乱数に関するリサーチを参照し、エクセルの関数を置き換えて使用するとよいだろう[2]。

乱数は、前提とする確率分布に応じて分類される。最もポピュラーなものは、先に紹介した一様分布に従う「一様乱数」である。また、広く用いられる乱数列として、正規分布に従う「正規

2　大野薫（2012）には、良好な乱数ジェネレータが、エクセル・アドインとして、付録のCD-ROM に入っている。

乱数」がある。正規乱数は、通常、一様乱数を加工して生成される。さらに、他の確率分布に従う乱数も一様乱数から生成できるため、一様乱数が乱数の基礎といえる。

(2) エクセルにおける乱数の生成方法

エクセルのワークシートで疑似乱数を生成するには、「RAND関数」を用いる。RAND関数は、入力または再計算の際に、0から1までの一様乱数の値を返す。

以下は、ワークシートで一様乱数を発生させた例である。ワークシートのセルに「= RAND()」と入力すると、一様乱数が返ってくる。

SUM ▾ × ✓ fx =RAND()

	A	B	C
1	RAND()による一様乱数の発生		
2			
3		=RAND()	
4		0.01745	
5		0.33374	
6		0.94346	
7		0.35949	

なお、Excel 2007より「RANDBETWEEN関数」も追加された。これは指定した範囲の間で、整数の一様分布乱数を返す。RANDBETWEEN関数を使用するにはエクセルに分析ツールアドインが組み込まれている必要がある。

SUM	=RANDBETWEEN(1,100)		
	A	B	C	D
1	RANDBETWEEN()による一様乱数の発生			
2				
3		=RANDBETWEEN(1,100)		
4		34		
5		25		
6		10		
7		85		

正規乱数は一様乱数を用いてインバース法で生成する。平均がゼロ、標準偏差が１である標準正規分布に従う正規乱数は、NORMSINV関数の引数として一様乱数を渡して生成する。以下は一様乱数をもとに、NORMSINV関数で、標準正規乱数を発生させた例である。

SUM	=NORMSINV(A4)	
	A	B
1	RAND()による	標準正規乱数
2	一様乱数の発生	の生成
3		
4	0.316825929	=NORMSINV(A4)
5	0.127835546	−1.136682369
6	0.876666471	1.158482821
7	0.272735862	−0.604559498

また、同様にして、２項分布等に基づく乱数を生成することもできる。なお、インバース法以外にも一様乱数から正規乱数を生成する方法が考案されているが、エクセルのワークシートでは、インバース法を用いるのがいちばん簡単である。

関数を用いるほかに、エクセル・メニューバーの「データ」を選択し、分析タブの「データ分析」から「乱数発生」を選択して、ワークシート上に乱数を発生させる方法もある。確率分布としては、正規分布、２項分布、ポアソン分布等も指定することができる。

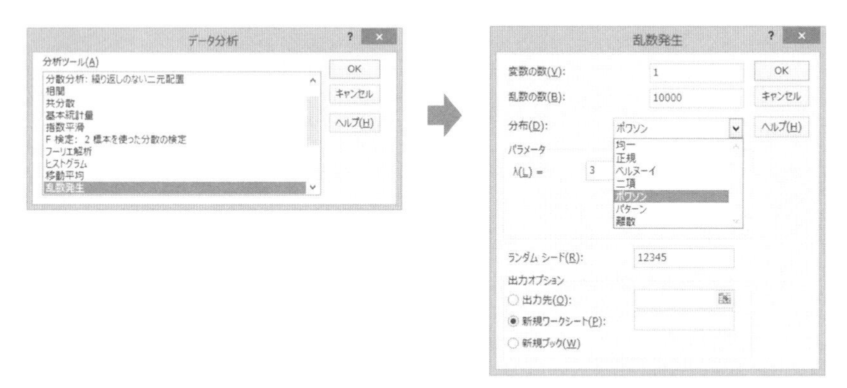

ワークシート上に乱数を発生させると、目で確認することができるのでわかりやすいが、モンテカルロ・シミュレーションでは何十万、何百万という乱数を用いるため、ワークシート上に乱数を発生させることは、メモリー消費と計算速度の点で非効率かつ非現実的である。そこで本書ではVBA 組み込みのRnd()関数を用いて、プログラム内で乱数を生成する。

以下は一様乱数を発生させるVBAプログラムの例であるが、このVBA_Randomというユーザー定義関数は、他のVBAプログラムはもちろん、ワークシート上でも利用可能である。

```
Public Function VBA_Random() As Double
  Randomize '乱数ジェネレータの初期化
  VBA_Random = Rnd()
End Function
```

ユーザー定義関数VBA_Randomを用いてワークシート上に乱数を出力すると以下のようになる。

SUM ▾ × ✓ fx =vba_random()

	A	B	C
1	ユーザー定義関数VBA_Random()		
2	による一様乱数の発生		
3			
4		=vba_random()	
5		0.827809572	
6		0.748995125	
7		0.020073533	
8		0.684907138	

なお、Randomizeは、乱数ジェネレータを初期化するためのステートメントで、ここでは引数を省略している。この場合、最初に実行した時にシステムタイマーから取得した現在の時刻がシード数として送られ、乱数列の開始点がリセットされる。つまり、エクセル・ワークブックを保存し、再び開いて実行すると、前とは異なる乱数列になるということである。モンテカルロ・シミュレーションでは、プログラムの異常をチェックするために同じ乱数列を用いる必要がある場合以外は、Randomizeで初期化することが望ましい。

6 数値解析とモンテカルロ法

数値解析とは、代数的な方法で解を得ることができない問題を、コンピュータによる計算等により近似的に解く手法である。たとえば、数式による解が導出できない確率微分方程式も、乱数を用いた数値計算により近似解を得ることができる。言い方を変えると、これまで数学の発達を待たなければ答えがわからないと思われていた多くの問題が、コンピュータによる力技で解けるのである。

モンテカルロ法は非常にパワフルな数値解析手法の１つであり、近年のコンピュータの計算速度の進化と、その結果もたらされた計算コストの低下と相まって、幅広い分野で活用されるようになってきている。

ここまで、モンテカルロ法のベースとなる確率分布や乱数について概要を説明したが、次章からは、さまざまな問題に対するモンテカルロ法の適用例を、具体的なVBAプログラミングを通して学習していく。

Coffee Break

度数分布

本章で取り上げた例では、全国の高校 3 年生男子の身長が正規分布に従うと仮定したが、実際には、調査結果等をもとに、まず、下図のような「度数分布」が作成される。

図2.5　高校 3 年生男子の身長の分布

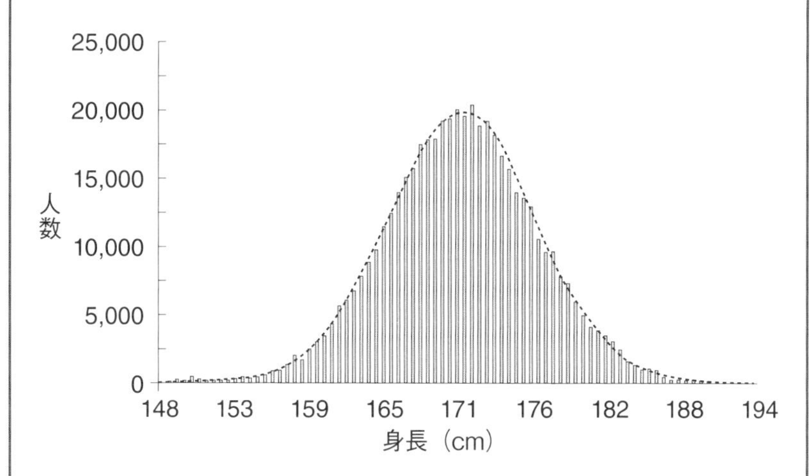

観察されたデータの母集団に正規分布を仮定することが妥当であれば、以下の数式を用いて実際のデータから母集団の平均と標準偏差（ばらつき具合）を推定することができる。

観察された身長　$(X_1, X_2, \cdots, X_N)$

平均　$\overline{X} = \dfrac{X_1 + X_2 + \cdots + X_N}{N}$

標準偏差　$\sigma = \sqrt{\dfrac{(X_1-\overline{X})^2+(X_2-\overline{X})^2+\cdots+(X_N-\overline{X})^2}{N-1}}$

（統計的に偏りのない推測）

平均や標準偏差は、エクセルの関数AVERAGEやSTDEV等で簡単に計算できる。

分布が左右対称でない場合は、平均値や標準偏差が通常の意味をもたなくなるので、注意が必要である。

たとえば、図2.6の分布は左に傾き右裾が長く広がっているが、この場合には、平均値と中央値が異なるものになる。中央値とは、データを小さい順（または大きい順）に並べたときに、ちょうど中心に来るものの値である。

図2.6　非正規分布の例

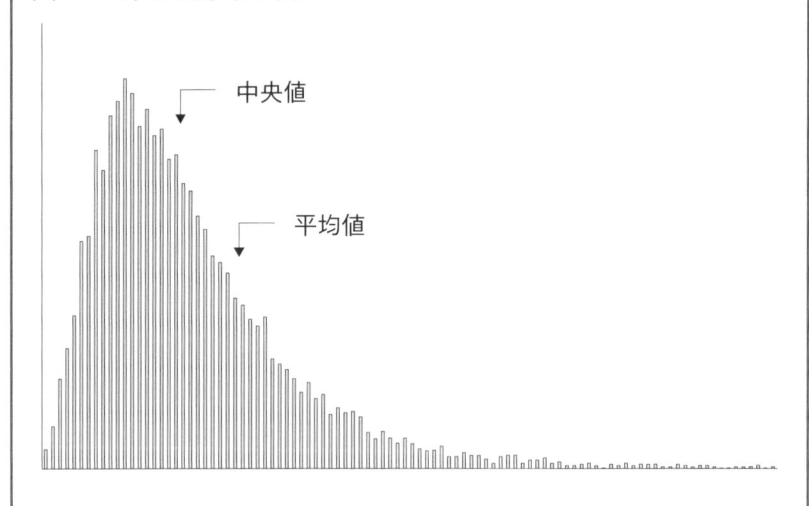

自然界の分布は正規分布のかたちをしたものが多いことから、時に平均値は誤解を生む。

2014年の金融広報中央委員会「家計の金融行動に関する世論調査」によると、2人以上の世帯の、貯蓄（金融資産）の平均値は1,182万円だった。これを聞いて、「みんな生活が苦しくなったといいながら、そんなに貯め込んでいたのか！」と焦った「普通の人」が多いのではないだろうか。これは貯蓄残高の分布が、図2.6よりもさらに左に傾き（貯蓄ゼロの家計も多い）、右裾もさらに伸びているからである（桁違いの大金持ちもいる）。ちなみにこの調査における貯蓄額の中央値は約400万円だった。これが一般的な感覚の「平均≒普通」ではないだろうか。

表2.1に一部をリストしたように分布のかたちにはさまざまなものがあるが、もし特定の確率分布を仮定することが妥当でない場合は、高度な技術になるが、度数分布を「経験分布」として用いる方法もある。

第 3 章

円周率の計算

シミュレーションによる円周率の推定方法

前章の終わりで数値解析について触れたが、その一例として、最初にシンプルなモンテカルロ・シミュレーションを紹介する。モンテカルロ法を習得するうえでしばしば取り上げられる例であり、簡単なものではあるが、なかに詰まっている内容はモンテカルロ法を理解するうえで重要な示唆に富んでいるので、まずこれを一緒に学んでいこう。

最近でも、円周率の計算桁数の世界記録を更新したというニュースが流れたように、円周率の計算は、古代よりわれわれ人類を魅了してきた問題である。円周率の「計算」にはいくつかの方法があるが、ここではモンテカルロ・シミュレーションによる推定を行う。

最初に考えなければならないのは、どのようにしたらモンテカルロ・シミュレーションで円周率の推定ができるかということである。

図3.1を考えてみよう。正方形の一辺の長さは1である。したがって、全体の面積は1になる。正方形のなかの円弧は、半径1の四分円である。ゼロを起点とした円弧に囲まれた扇形の部分の面積はいくらだろうか。

円の面積は「半径×半径×円周率」で求められるので、半径1の円の面積は、1×1×円周率＝円周率（π）である。扇形の面積はその4分の1なので、$\frac{1}{4}\pi$となる。

図3.1　円周率の推定

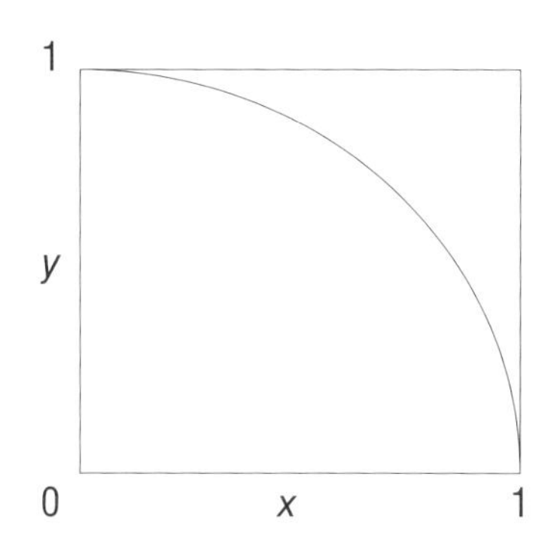

ここでxとyに、それぞれ0から1までの一様乱数を発生させて、xとyの値で定まった座標点を図3.1にプロットすると想定してみよう。空から雨粒がランダムに落ちてくるようなイメージだろうか。

その点が円の内側にあるのか、外側にあるのかを判別し、内側にあれば四分円の面積の対象とする。これを何十万回、何百万回と繰り返して、円の内側の個数を数えると、円の内側にある個数と全体の個数の比率の期待値は、$\frac{1}{4}\pi$対1になるはずである。ここから円周率を以下のように推定することができる。

$$\pi = 4 \times \frac{\text{円の内側の個数}}{\text{全体の個数}}$$

ランダムに抽出された点が四分円の内か外かを判別するには、原点から円弧までの距離が1であることに着目する。所与の点の原点からの距離は、図3.2に表されているように、直角三角形の斜辺の長さである。直角三角形の斜辺の長さ（z）は、有名なピタゴラスの定理（$z^2 = x^2 + y^2$）から、$z = \sqrt{x^2 + y^2}$であることがわか

図3.2　円周率の推定：直角三角形の斜辺の長さ

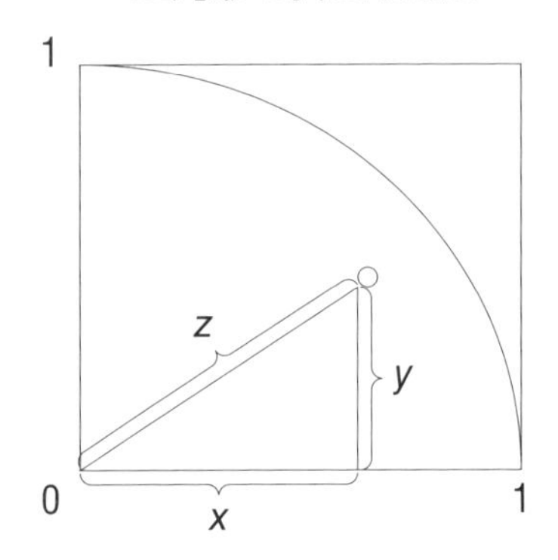

っている。平方根を求めるVBA関数は**Sqr**なので、これも簡単に計算できる。

これでモンテカルロ法を用いて円周率を推定するアプローチが定まった。次は、具体的なVBAプログラムの作成である。

2　シミュレーション・プログラム

㈱きんざいのホームページから「第３章　モンテカルロ円周率」ワークブックをダウンロードして開くと、図3.3のようになる。

プログラムはワークシートのセルC6で指定された回数（サンプル数）の試行を繰り返し、結果をセルD6に出力する。ワークシートの下の部分では、エクセルのグラフ機能を使って、どのように点が「落ちていくのか」を、アニメーションで表示する。

図3.3 「第3章　モンテカルロ円周率」の画面

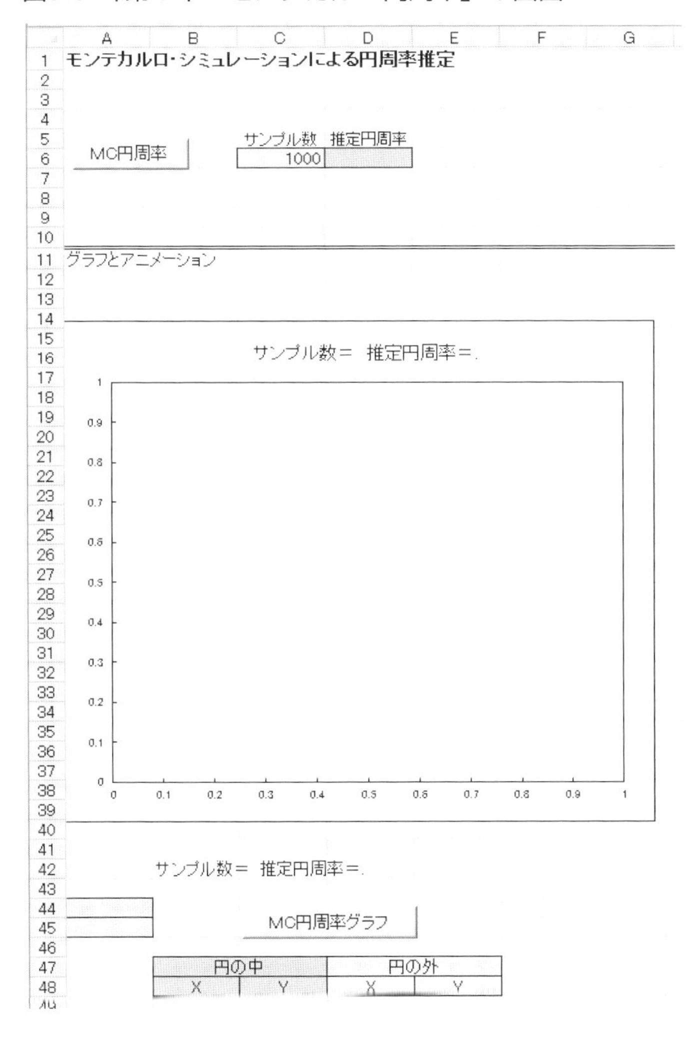

VBAエディタでModule1に入力するプログラムは、以下のとおりである。

```
Sub モンテカルロ円周率()

  Dim サンプル数 As Long, X As Double, Y As Double
  Dim 原点からの距離 As Double, 円の中の数 As Long
  Dim 推定円周率 As Double, i As Long

  Randomize  '乱数ジェネレータの初期化

  サンプル数 = Range("C6").Value
  円の中の数 = 0

  For i = 1 To サンプル数

    X = Rnd()  'VBAの一様乱数
    Y = Rnd()
    原点からの距離 = Sqr(X^2 + Y^ 2 )
    If 原点からの距離 <= 1 Then 円の中の数 = 円の中の数 + 1
  Next i

  推定円周率 = 4 * 円の中の数 / サンプル数
  Range("D6") = 推定円周率

End Sub
```

プログラムは変数の宣言後、ワークシートのセルC6に指定されたサンプル数を読み込む。次に、Forループに入り、一様乱数でランダムな点を発生させ、原点からの距離を計算し、その点が円の中にある場合はカウントする。この試行をサンプル数で指定された回数繰り返し、その後ループを出て、推定円周率を計算し、ワークシートのセルD6に出力する。このプログラムでは変数名に日本語を多用して読みやすくしているので、ぜひプログラムを入力する前に、ロジックを確認してほしい。

以下は100万個の点を発生させて円周率を推定した一例である。

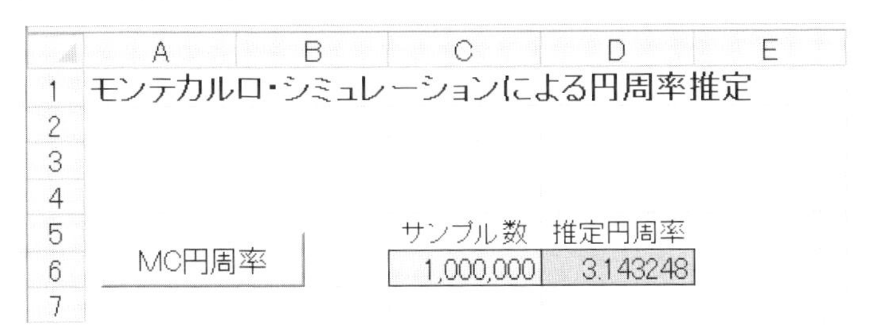

同じサンプル数で何度も試し、次にサンプル数を変えて同様に行ってみよう。プログラムを実行するたびに円周率の推定値が変わるが、慌てることはない。プログラミング・ミスではなく、これがモンテカルロ・シミュレーションの特徴である。サンプル数が100万個でも推定値にはかなりのブレがあるが、それでもゆとり教育の円周率＝３よりはましなようである。当然ながらサンプル数が少ないとブレは大きくなり、サンプル数が多くなればなるほどブレが小さくなる。

表3.1は異なるサンプル数で、それぞれ10回のシミュレーションを行った結果である。プログラムを実行するたびに円周率の推定値が変わり、サンプル数が100万でも推定値にはブレがある。しかしながら、サンプル数と推定値のブレの間には顕著な傾向がみてとれ、サンプル数が少ないとブレは大きくなり、サンプル数

表3.1　サンプル数による推定円周率

シミュレーション#	サンプル数					
	100	1,000	10,000	100,000	1,000,000	10,000,000
1	3.04	3.096	3.1608	3.14188	3.14124	3.1412332
2	3.12	3.092	3.1564	3.14696	3.141744	3.1418648
3	3.04	3.092	3.1288	3.14684	3.140908	3.1415716
4	3.32	3.208	3.1576	3.13664	3.1431	3.1412652
5	3.04	3.068	3.1228	3.14036	3.14278	3.1416988
6	3.32	3.08	3.168	3.14832	3.141864	3.1414636
7	3.08	3.16	3.1304	3.1454	3.142668	3.1413108
8	3.24	3.172	3.1436	3.138	3.14166	3.1416572
9	3	3.104	3.1448	3.14768	3.14474	3.141394
10	3.16	3.176	3.1324	3.13712	3.143536	3.1413144
平均	3.136	3.1248	3.14456	3.14292	3.142424	3.1414774
標準偏差	0.119555	0.049055	0.015616	0.00465	0.001169	0.0002125

図3.4　サンプル数による推定円周率

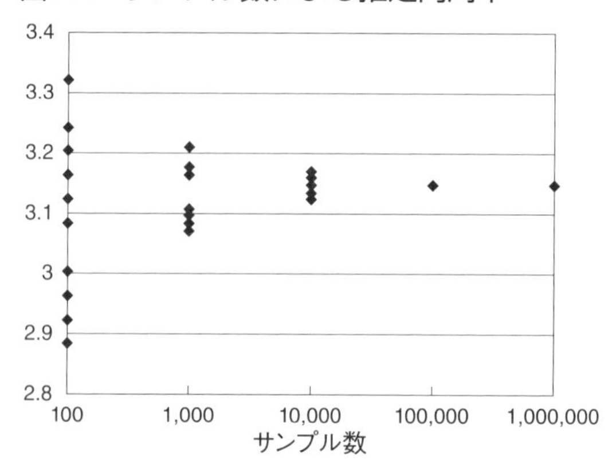

が多くなればなるほどブレは小さくなる。

表を図3.4のようなグラフにしてみると、その傾向は一目瞭然で、あらためて解説する必要もないだろう。サンプル数と推定誤差の関係は、厳密には中心極限定理などの専門的な内容が必要となるため、適宜参考文献に掲げた書籍等を参照いただきたい。

3 アニメーション・プログラム

次に、シミュレーションで徐々に点が埋まっていくようすを、グラフとアニメーションで表すプログラムを書いてみよう。

このプログラムでは、ランダムに発生させた点が、円の中の場合は、ワークシートの「円の中」の「X」と「Y」の列に、円の外の場合は、「円の外」の「X」と「Y」の列に、それぞれの値を順に書き出す。セルA44にはループ・カウンターの値を表示し、セルA45にその時点での推定円周率を表示する。

```
Sub モンテカルロ円周率グラフ()

  Const サンプル数 = 5000

  Dim X As Double, Y As Double
  Dim 原点からの距離 As Double, 円の中の数 As Long
  Dim 推定円周率 As Double, i As Long
  Dim 円中RowNo As Integer, 円外RowNo As Integer

  Randomize  '乱数ジェネレータの初期化
```

```
  Range("B49:E5048").ClearContents

  円の中の数 = 0
  円中RowNo = 49
  円外RowNo = 49

  For i = 1 To サンプル数
    X = Rnd()
    Y = Rnd()
    原点からの距離 = Sqr(X^2 + Y^2)
    If 原点からの距離 < 1 Then  '円の中
      円の中の数 = 円の中の数 + 1
      Cells(円中RowNo, 2) = X
      Cells(円中RowNo, 3) = Y
      円中RowNo = 円中RowNo + 1
    Else  '円の外
      Cells(円外RowNo, 4) = X
      Cells(円外RowNo, 5) = Y
      円外RowNo = 円外RowNo + 1
    End If

    Range("A44") = i
    推定円周率 = 4 * 円の中の数 / i
    Range("A45") = 推定円周率
    '0.01秒間ストップ
    Application.Wait [Now() + "0:00:00.01"]
  Next i

End Sub
```

サンプル数は定数で、5,000に指定している。またグラフのデータを書き出すワークシートのレンジは、十分な範囲として「B49：E5048」を最初に消去する。

Forループの最後の行は、アニメーションとして書き出すスピードを遅らせるために、実行を100分の１秒間ストップさせるためのものである。

プロットされる点が円内か円外か一目で区別できるよう、グラフの種類は散布図とし、円内のプロット（B49：C5048）を濃紺、円外のプロット（D49：E5048）をピンクと指定した。

プログラムが書けたら、マクロ実行ボタンをクリックして試してみよう。ランダムな点がどのように発生されていくのか、実感できるに違いない。

図3.5の３つの散布図は、このシミュレーションでどのように点が埋まっていくのかを、順に表したものである。全体的に均等に点が埋まっていくようすがみてとれる。

こんな初級レベルのプログラムでも、エクセルのワークシートと組み合わせることによって、これほど高度なことができるのに

図3.5　点が埋まっていくようす

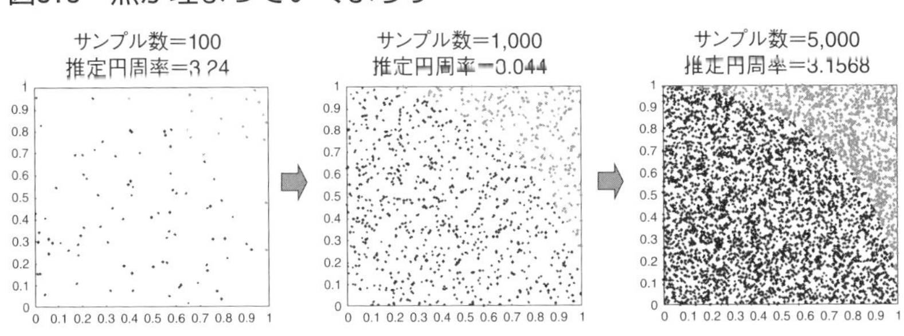

驚いた読者も多いのではないだろうか。エクセルVBAは習って損のないスキルである。何よりアニメーションはみていて楽しい。

Coffee Break

円周率の計算（コンピュータ以前）

本章では、コンピュータを用いたモンテカルロ法による円周率の推定方法を紹介したが、コンピュータが発明される以前は、いくつかの円周率の計算方法が開発され用いられていた。その1つが次のライプニッツの公式である。

$$\frac{\pi}{4}=1-\frac{1}{3}+\frac{1}{5}-\frac{1}{7}+\cdots$$

ライプニッツは17、18世紀のドイツの偉大な哲学者・数学者で、ニュートンとほぼ同じ時期に微積分法を独自に発明したことで現在もよく知られている。しかし何と、彼よりさかのぼること約300年前に、インドの数学者マターヴァがこの公式を発見していたことは驚きである。簡単な公式のようにみえるが、上式を基に円周率πを計算してみると、なかなか収束しないことがわかる。

このほかには、17世紀のイングランドの数学者ウォリスによる積の公式がある。

$$\frac{\pi}{2}=\frac{2\cdot 2\cdot 4\cdot 4\cdot 6\cdot 6\cdots}{1\cdot 3\cdot 3\cdot 5\cdot 5\cdots}$$

こちらも計算してみると、収束は良好といえないことがわかる。やはり、コンピュータとモンテカルロ法の威力は大きい（ただし、本章で紹介したモンテカルロ法よりもずっと誤差が小さい計算手法があるので、興味のある読者は調べられたい）。

第 4 章

モンティ・ホール問題

1 モンティ・ホール問題とは

モンティ・ホールは、アメリカのゲームショー番組「Let's make a deal」の司会者で、この番組のなかで行われていたゲームから生まれた確率論争が、モンティ・ホール問題である。一見、簡単そうな問題なのだが、直感的な答えは誤りであり、多くの数学者が間違えて全米に騒動を引き起こしたというものである。

このゲームは以下のように進行する。

① プレーヤーの前に3つのドアがある。

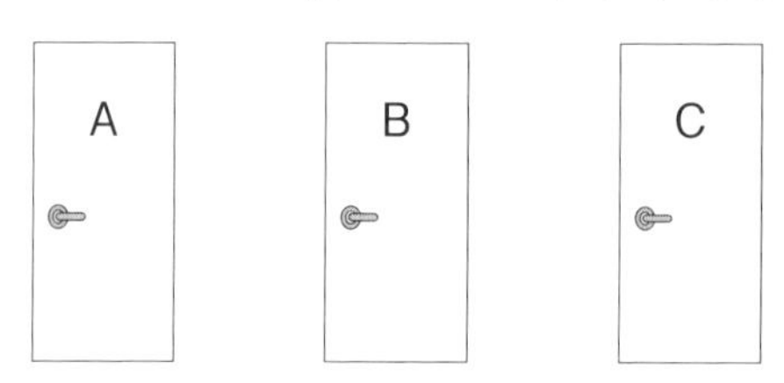

② そのなかの1つが当たりで、残りの2つには、はずれが入っている。

③ プレーヤーはドアを1つ選択する。

④ モンティは残りの2つのドアのうち、はずれのドアを開き、違うドアに選択を変えてもよいとプレーヤーに持ちかける。

⑤ モンティがドアを開いて結果が判明する。

プレーヤーはドアの選択を変えるべきだろうか、それとも当初の選択のままにすべきだろうか。

一般的に、直感的な答えは間違いであるとすでに述べたが、感覚的には、ドアを変えても変えなくても、確率は変わらないのではないかと思える。間違えているといわれても、どこがどう違うのかわからないというのが大多数の人間だろう。確率を専門とする学者でさえ間違えるようなむずかしい問題が、はたして素人に解けるのだろうか。ここでモンテカルロ法が力強い味方となる。

2 シミュレーション・プログラム

図4.1は、「第4章　モンティ・ホール問題」ワークブックを開いた画面である。

このプログラムは、「当たり」のドアがランダムに変わると仮定して、セルC15の指定に基づき、ドアの選択を変更する場合と変更しない場合の確率を、セルC14で指定された回数繰り返すことによって推定する。画面では、セルC15は「FALSE」になっているので、この場合プログラムは、一貫してドアを変更しない

図4.1 「第4章　モンティ・ホール問題」の画面

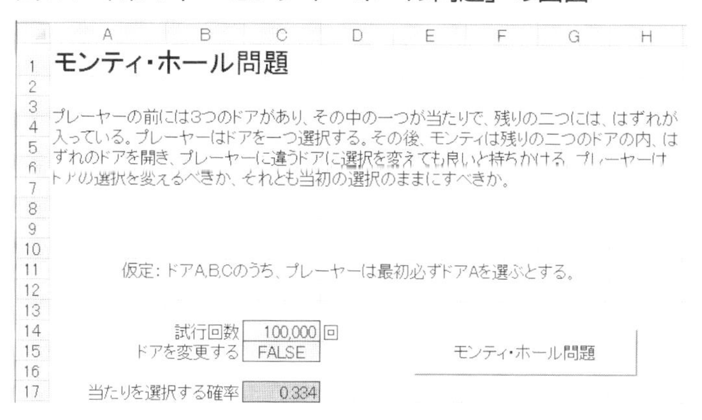

場合の確率をセルC17に出力する。このパラメーターが「TRUE」の場合は、一貫してドアを変更する場合の確率を出力する。

以下がModule1に入力するプログラムである。

```
Sub モンティホール問題()

 Dim 試行回数 As Long, 変更する As Boolean
 Dim 選択ドア As String, 当たりドア As String
 Dim 当たり回数 As Long, i As Long

 Randomize

 試行回数 = Range("C14").Value
 変更する = Range("C15").Value

 当たり回数 = 0

 For i = 1 To 試行回数

 '一様乱数で当たりドアをランダムに選ぶ
 Select Case Rnd()
  Case Is < 1 / 3 : 当たりドア = "A"
  Case Is < 2 / 3 : 当たりドア = "B"
  Case Is < 1 : 当たりドア = "C"
 End Select

 選択ドア = "A"  '最初は必ずドアAを選ぶと仮定
```

```
    '----- ドアの選択を変える場合 -----
    '当たりドアが
    '   Aの場合：ＢＣがはずれ。モンティはＢを開くと仮定。
    '     残りはＡＣで、ＡからＣに変更する。
    '   Bの場合：ＡＣがはずれ。Ａは選択済みなので、モンティ
    '     はＣを開く。残りはＡＢで、ＡからＢに変更する。
    '   Cの場合：ＡＢがはずれ。Ａは選択済みなので、モンティ
    '     はＢを開く。残りはＡＣで、ＡからＣに変更する。

    If 変更する Then
      Select Case 当たりドア
        Case "A"：選択ドア = "C"
        Case "B"：選択ドア = "B"
        Case "C"：選択ドア = "C"
      End Select
    End If

    If 選択ドア = 当たりドア Then
      当たり回数 = 当たり回数 + 1
    End If

  Next i

  Range("C17") = 当たり回数 / 試行回数  '当たり選択確率

End Sub
```

最初のSelect Caseの２番目のCaseで、「３分の１以上３分の２未満」という条件ではなく、単に「３分の２未満」となっていることに不安を感じる読者もいるかもしれない。これはSelect

Caseが上から順に条件を吟味して、該当した場合はそこでの処理を実行した後、すぐにEnd Selectに飛ぶことから、こういう条件式でも正しく実行されるのである。より厳密にプログラムしたい読者は、if構文に変更して、２番目と３番目のCaseを、それぞれ「３分の１以上３分の２未満」、「３分の２以上１未満」という条件式に書き換えるとよいだろう。

なお、Select Caseの「Case Is」であるが、入力の際に「Is」を省略しても、VBAエディタが自動で「Is」を挿入して、「Case Is」にしてくれる。

VBAプログラムが入力できたら、さっそくドアを変更する場合と、しない場合の「当たり」の確率を計算してみよう。

試行回数100万回で当たりドアを引き当てる確率を推定すると、ドアを変更しない場合はほぼ0.333で、ドアを変更した場合はほぼ0.667であることがわかる。つまりモンティがはずれのドアを開いた後、当初の選択からドアを変更したほうが、当たりの確率が２倍に増えるということである。したがって、ドアを変更するのが勝利の戦略となる。

3 シミュレーション・プログラムの拡張

ここでプレーヤーが必ず最初にドアＡを選ぶというプログラムの仮定が、このような結果をもたらしたのではないかといぶかる読者もいるかもしれない。実際のゲームでは、プレーヤーは最初にどのドアを選んでもかまわない。

そこで確認のために、プレーヤーが最初にランダムにドアを選ぶという、より現実的な仮定を反映するようにプログラムを拡張してみる。具体的には、もう１つ一様乱数を発生させて、当初の選択が、必ずドアＡではなく、ランダムに行われるようにする。

以下はそのプログラムであるが、先に入力したプログラムを下にコピー＆ペーストして修正すると、簡単である。なお、ワークシートの入出力の位置が異なるので、注意されたい。

```
Sub モンティホール問題追加課題()

  Dim 試行回数 As Long, 変更する As Boolean
  Dim 選択ドア As String, 当たりドア As String
  Dim 当たり回数 As Long, i As Long

  Randomize

  試行回数 = Range("C27").Value
  変更する = Range("C28").Value

  当たり回数 = 0

  For i = 1 To 試行回数

    '一様乱数で当たりドアをランダムに選ぶ
    Select Case Rnd()
      Case Is < 1 / 3: 当たりドア = "A"
      Case Is < 2 / 3: 当たりドア = "B"
      Case Is < 1: 当たりドア = "C"
    End Select
```

```
'一様乱数で最初の選択をランダムに行う
Select Case Rnd()
  Case Is < 1 / 3: 選択ドア = "A"
  Case Is < 2 / 3: 選択ドア = "B"
  Case Is < 1: 選択ドア = "C"
End Select

'----- ドアの選択を変える場合 -----
If 変更する Then
  Select Case 選択ドア
    Case "A"
      Select Case 当たりドア
        Case "A": 選択ドア = "C"
        Case "B": 選択ドア = "B"
        Case "C": 選択ドア = "C"
      End Select
    Case "B"
      Select Case 当たりドア
        Case "A": 選択ドア = "A"
        Case "B": 選択ドア = "C"
        Case "C": 選択ドア = "C"
      End Select
    Case "C"
      Select Case 当たりドア
        Case "A": 選択ドア = "A"
        Case "B": 選択ドア = "B"
        Case "C": 選択ドア = "B"
      End Select
  End Select
```

```
    End If

    If 選択ドア = 当たりドア Then
      当たり回数 = 当たり回数 + 1
    End if

  Next i

  Range("C30") = 当たり回数 / 試行回数  '当たり選択確率

End Sub
```

プログラムを実行すればすぐにわかるが、プレーヤーの最初の選択がランダムに行われるように修正しても、推定確率に変化はない。つまりプレーヤーは、最初にどのドアを選んだとしても、はずれドアの1つが開けられて2つのドアのどちらかに絞られた時に、当初とは異なるドアに選択を変更したほうがよいということである。

確率論的には、モンティ・ホール問題はベイズの定理における事後確率の例題であるが、確率計算の結果が普通の人の直感と異なるため、心理的ジレンマやパラドックスの適例であるとされている。

この問題を直感的に理解するためには、こう考えるとよいかもしれない。最初にドアの選択肢が3つある場合、どのドアも当たる確率は3分の1なので、プレーヤーが選択したドア以外が当たる確率は3分の2になる。

ここでモンティが残りの2つのドアから、必ずはずれを開けるという点に着目する。当然ながら、モンティがはずれのドアを開けた後も、プレーヤーが最初に選択したドアが当たる確率は３分の１のままである。同様に、残りのドアが当たる確率も依然として３分の２のままである。しかしながら、残りのドアは２つから１つに減っている。必然的にそのドアが当たる確率は３分の２になる。したがって、モンティがはずれドアを開けた後、プレーヤーはドアの選択を変更したほうが、勝率は２倍に増えることになるのである。

いずれにしても、多くの学者が間違えたようなむずかしい確率計算が、簡単なモンテカルロ・シミュレーションで解けるという事実に、モンテカルロ法のパワーを感じていただけたのではないだろうか。

Coffee Break

3囚人の問題

モンティ・ホール問題と似たものに、「3囚人の問題」がある。「3囚人の問題」は、人間の直感が真の確率と大きく異なり、しかも解答を説明されてもなかなか納得できないことから、心理学の分野でパラドックスとして盛んに研究されてきた。「3囚人の問題」とは、以下のようなものである。

ある監獄にA、B、Cという3人の死刑囚がいて、近々3人まとめて処刑される予定になっている。それぞれの死刑囚は独房に入れられているので、お互いに会話することはできない。ところが、突然の恩赦により3人のうち1人だけが助かることになった。だれが恩赦になるのか囚人には知らされておらず、それぞれが「私は助かるのか」と聞いても看守は答えない。

囚人Aは一計を案じ、「私以外の2人のうち、少なくとも1人は死刑になるはずだ。その者の名前が知りたい。私のことではないのだから教えてくれてもよいではないか」と看守に頼んだ。すると看守は「Bは死刑になる」と教えてくれた。それを聞いた囚人Aは「これで助かる確率が3分の1から2分の1に上がった」とひそかに喜んだ。はたして囚人Aが喜んだのは正しいだろうか。

モンティ・ホール問題のドア（A、B、C）が囚人（A、B、C）に該当し、当たりが恩赦であると考えれば、類似点は明らかである。ただし、モンティ・ホール問題のようにドアの変更（たとえば、囚人Aが囚人Cに変わる）はできない。

モンティ・ホール問題と類似しているということは、囚人Aが助かる確率は、看守が教えてくれた後、上がったのだろうか。

実は囚人Aの確率は、看守が教えてくれる前も後も、3分の1のままで変わっていない。囚人Aはぬか喜びをしたのである。これは、A以外のBかCが助かる確率が3分の2であり、たとえBの死刑が確定したとしても、Cの助かる確率が3分の2に上がるだけで、Aの確率は変わらないからである。

この結論は、看守の回答がランダムである場合に成立する。したがって、看守の回答がランダムでない場合は確率が変わることになる。

この辺の分野に興味がある読者は、事象に関する新たなデータが与えられたとき、事前確率から事後確率へどのように変わるかということを明らかにしたベイズの定理にかかわる文献を参照するとよいだろう。

第5章

ランダム・ウォーク

ランダム・ウォークとは

世の中の事象の多くは不確実性を伴いながら、時間の経過とともに変化していくものが多い。たとえば、第2章で言及した高校3年生男子の身長分布も、10年前や20年前とは、平均はもとよりそのばらつき具合も変わってきている。したがって、確率事象を的確にとらえるためには、時間の経過とともに変化する分布をモデル化することが重要になる。このようなモデルを確率過程という。

確率過程としては、微粒子などの不規則な運動を描写するブラウン運動が有名であるが、物理学の分野だけでなく、現在では株価や為替の変動など金融市場の描写に広く使われるほか、気象予報モデルなどでも活用されている。

株価の動きは「ランダム・ウォーク」であるとどこかで聞いた覚えがある読者も多いのではないだろうか。「ランダム・ウォーク」は「酔歩」とも呼ばれ、「ブラウン運動」の応用である。「ブラウン運動」は、19世紀に花粉の動きなどから策定されたモデルであるが、現在では、統計力学、量子力学等の物理学の分野のほか、ブラック・ショールズ・オプション価格モデルに代表されるように数理ファイナンスや金融工学におけるプライシング等に広く利用されている。

本章では、シンプルな「ランダム・ウォーク」の一例として、「酔っぱらいの千鳥足」をモンテカルロ法でモデル化する。これはプログラミングの初歩の教材としても知られているものである。

なお、ブラック・ショールズ・オプション価格モデル等で想定されている「ランダム・ウォーク」は、本章で解説するものより、株価リターンの動きを現実的に描写できるように工夫されているが（たとえば株価はマイナスにならない）、そのエッセンスは同じである。

2 千鳥足モデル

相当酔っぱらったおじさんが、一本道を歩いているとしよう。おじさんは自分ではまっすぐ歩いているつもりなのだが、酔っているので、ふらふらと右へ行ったり左へいったり、ご機嫌な千鳥足である。

ここでこのおじさんが、まっすぐ歩く確率は0.2で、後は、毎歩、左右どちらかの方向へ、同じ0.4の確率でふらつくと仮定する。おじさんはかなり酔っているので、これまで自分がどのように歩いてきたのか憶えていない。すなわち、それまでの経路が大きく右へ外れていようが、左へ外れていようが、おじさんの次の一歩は同じように等確率で左右にふらつく。このような動きをする確率過程を、専門用語で「マルコフ過程」といい、マルコフ過程では、将来の動きは、過去の経緯に依存せず、現在の位置のみを基にして、確率的に決まる。

それでは酔っぱらいおじさんの千鳥足をモデル化してみよう。図5.1は「第５章　千鳥足」ワークブックの「基本」ワークシートを開いた画面である。

図5.1 「第5章　千鳥足」「基本」ワークシートの画面

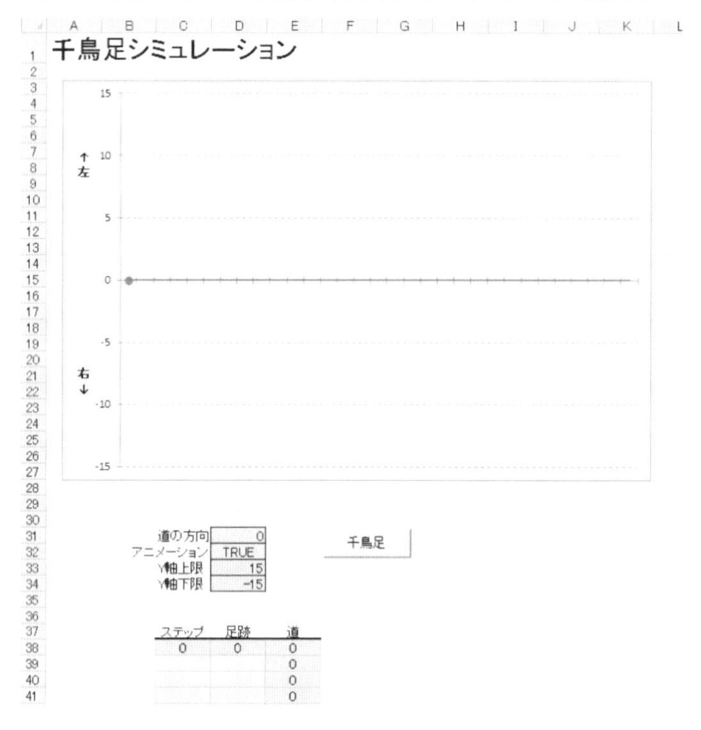

シミュレーションのパラメーターは、道の方向とアニメーションの2つである。道の方向は現在0になっているが、この場合酔っぱらいおじさんがまっすぐ歩こうとしている道は、グラフのX軸に沿ったものとなる。プラスの数値を入れると、おじさんの進む道は上方向に伸びていき、マイナスの数値にすると下方向に伸びていく。アニメーションのパラメーターがTRUEの場合は、グラフに一歩一歩足跡が現れ、FALSEの場合は、経路がいっぺんに表示される。

以下は、千鳥足のプログラムである。

```
Sub グラフY軸設定(ByVal グラフ番号 As Integer, _
                  ByVal 上限値 As Double, _
                  ByVal 下限値 As Double)

  With ActiveSheet.ChartObjects(グラフ番号) _
    .Chart.Axes(xlValue)
    .MaximumScale = 上限値  'Y軸の上限値を設定
    .MinimumScale = 下限値  'Y軸の下限値を設定
  End With

End Sub

Sub 千鳥足()

  Const 歩行数 = 30

  Dim 道の方向 As Double, アニメーション As Boolean
  Dim 現在地 As Double, Y軸上限値 As Double
  Dim Y軸下限値 As Double, 一様乱数 As Double, i As Integer

  Randomize

  Range("C39:D68").ClearContents

  道の方向 = Range("D31").Value
  アニメーション = Range("D32").Value
  Y軸上限値 = Range("D33").Value
  Y軸下限値 = Range("D34").Value
```

```
  Call グラフＹ軸設定(1, Ｙ軸上限値, Ｙ軸下限値)

  現在地 = 0

  For i = 1 To 歩行数

    一様乱数 = Rnd()
    If 一様乱数 <= 0.4 Then        '0.4の確率で右へふらつく
      現在地 = 現在地 + 道の方向 - 1
    ElseIf 一様乱数 <= 0.6 Then    '0.2の確率でまっすぐ
      現在地 = 現在地 + 道の方向
    Else                           '0.4の確率で左へふらつく
      現在地 = 現在地 + 道の方向 + 1
    End If

    Cells(38 + i, 3) = i
    Cells(38 + i, 4) = 現在地

    If アニメーション Then
      '速すぎないように、一歩ごとに0.5秒間ストップする
      Application.Wait [Now() + "0:00:00.5"]
    End If
  Next i

End Sub
```

最初の「**Sub グラフＹ軸設定**」は、ワークシートのグラフ縦軸の上限値と下限値を設定するためのものである。また、このプロシージャが受け取る１番目の引数として「グラフ番号」があるが、このワークシートでは「１」になる。

グラフＹ軸設定プロシージャがなくてもプログラムは動くが、その場合１歩ごとにグラフ縦軸の上限と下限が自動的に設定されるので、アニメーションの際グラフが頻繁に動いてみづらくなってしまう。

なお、最初の行の終わりの“, _”は、ステートメントを次の行に継続するという意味である。カンマの後にはスペースが入るのに注意されたい。

「Sub 千鳥足」がシミュレーションのプロシージャで、最初にワークシートからパラメーターの値を読み込み、初期処理を行う。**グラフＹ軸設定**を呼び出すCallは省略化である。

次のForループで30歩のシミュレーションを行うが、最初に一様乱数を発生させて、この値をもとに指定された確率で、次の一歩をランダムに決める。一様乱数のRnd関数は、０～１間の実数を同じ確率で発生させるので、たとえば0.3から0.5の間の数字が発生する確率は0.2である。したがって、If構文を用いて、乱数の値が0.4以下の場合は現在地に－１を加え（０～0.4なので、確率0.4で右へ)、0.6以下の場合は道なり（0.4～0.6なので、確率0.2でまっすぐ）に進み、それ以外は＋１を加える（0.6～1.0なので、確率0.4で左へ)。

「道の方向」は、おじさんが向かおうとしている方向への増分である。つまり、道の真ん中を基準とした増分で、おじさんの進む方向の期待値である。

最後に、アニメーションがTRUEの場合は、足跡がゆっくりみられるように、１歩ごとに0.5秒間プログラムの実行を停止させる。

プログラムが入力できたら、さっそくマクロ実行ボタンをクリックして、酔っぱらいおじさんの千鳥足を観察してみよう。最初はアニメーションをTRUEにして、じっくり観察してほしい。ここには確率過程のエッセンスが凝縮されている。図5.2は、酔っぱらいおじさんの足跡の例である。

ふらつきながらも、なかなかうまく道に沿って歩いている場合もあれば、右や左に大きくそれてしまう場合もある。アニメーションで「ランダム」な感覚がしっかり得られたら、パラメーターをFALSEに設定して、さまざまな足跡を観察してみよう。

千鳥足シミュレーションを何度も繰り返すと、30歩目で酔っぱらいおじさんは、どこにいる可能性が高いだろうか。さすがに前のほうには進んでいるだろうが、均等にばらついていて、具体的

図5.2　酔っぱらいおじさんの足跡の例

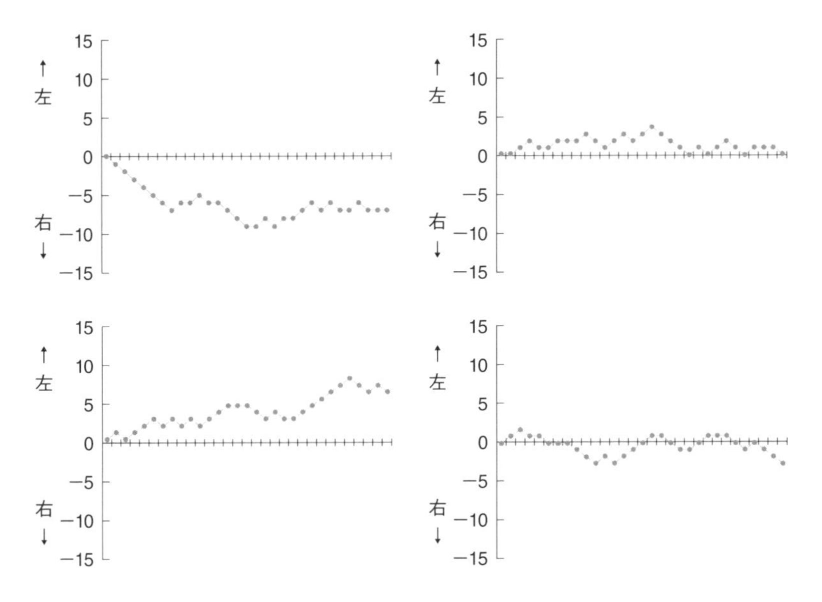

な位置は予測不能だろうか。

ここでは詳しく考察しないが、驚くべきことに、30歩目でおじさんは道の真ん中にいる可能性がいちばん高い。もちろん外れることも多いのだが、その程度が大きくなるにつれて、確率は低くなる。このシミュレーションを何千回何万回と繰り返すと、30歩目のおじさんの位置の確率分布を推定できる。図5.3は10万回繰り返して、30歩目の位置を度数分布にしたものである。一見して明らかなように、道の真ん中を中心とした正規分布になっている。

これは、あくまで簡単なシミュレーションであるが、意外に酔っぱらいの千鳥足をうまくとらえているかもしれない。少なからぬ読者にも覚えがあると思うが、酷く酔っぱらって千鳥足になっても、不思議なことに何とか無事に家にたどり着けるものである。

図5.3　酔っぱらいおじさんの最終位置の度数分布

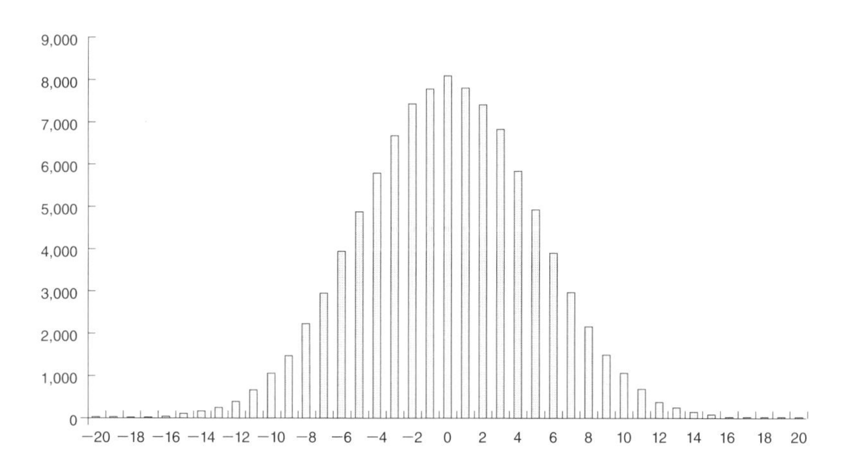

次に道の方向を変えてみよう。図5.4は、道の方向のパラメーターとして0.3を用いたものである。何度も試してみるとわかるが、今度もおじさんは千鳥足ながら、道の方向に向かって歩いていく。道を中心とした離れ具合の確率分布は、前のケースと同じである。

また、このケースは、何となく株価のようにみえないだろうか。右肩上がりの道は株式の期待収益を表し、サプライズ（乱数）が実際の株価に不確実性を与えているという説明に、納得する読者も多いに違いない。

先述したように、このモデルでは株価を表すには不十分である。とはいえ、基本的な構造は非常に似ているので、ランダム・ウォークを用いて株価のモデル化が可能であることも実感できる

図5.4　道の方向が左の場合の酔っぱらいおじさんの足跡の例

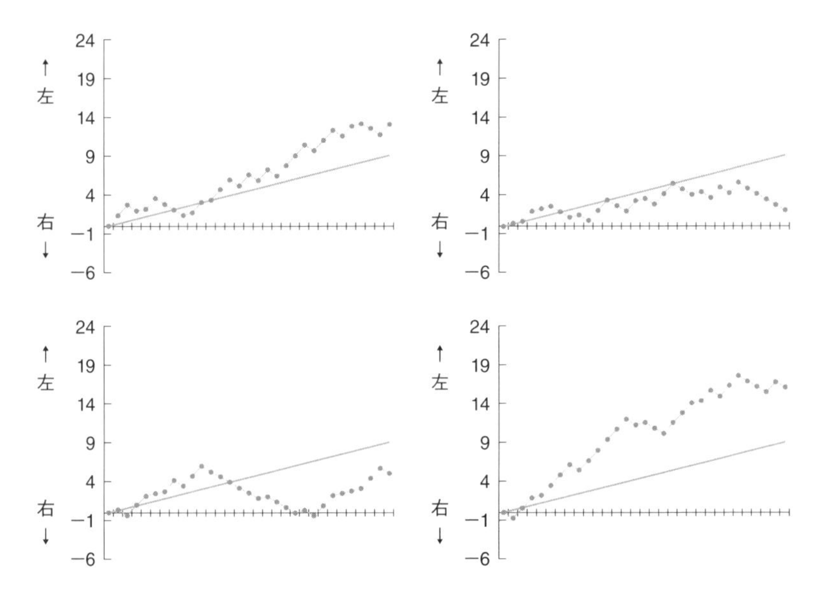

だろう。ただし酔っぱらいおじさんはどんどん道を外れて、堀に落ちたりすることもありうるが、株価の場合には0以下になることはない。

3 泥酔千鳥足モデル

さらに酔っぱらいおじさんの千鳥足を考察する。

前述のモデルでは、酔っぱらいおじさんは必ず前のほうに進むと仮定したが、これは必ずしも現実的とはいえない。「三歩進んで二歩下がる」という歌の歌詞ではないが、泥酔していると後ろに下がることもある。そこで次に、おじさんの進む方向として、左右のみならず前後も加味した千鳥足シミュレーションを実行してみよう。

ここでは簡単にするために、次の1歩は前後左右、同じ確率で進むと仮定する。図5.5は、同じワークブックの「泥酔」ワークシートを開いた画面である。

道の方向はもはや無意味なので省いてある。前後左右が歩行範囲になるので、グラフの種類は散布図になり、X軸、Y軸ともにワークシートで指定した値に範囲を設定する。また歩行数はプログラム内で1,000と設定するので、出力欄はその分増やしてある。

前後左右に等確率で歩く泥酔おじさんの千鳥足モデルは、以下のようになる。これは先にプログラムした千鳥足モデルと非常に似ているので、モジュールの下にコピー&ペーストして修正する

図5.5 「泥酔」ワークシート

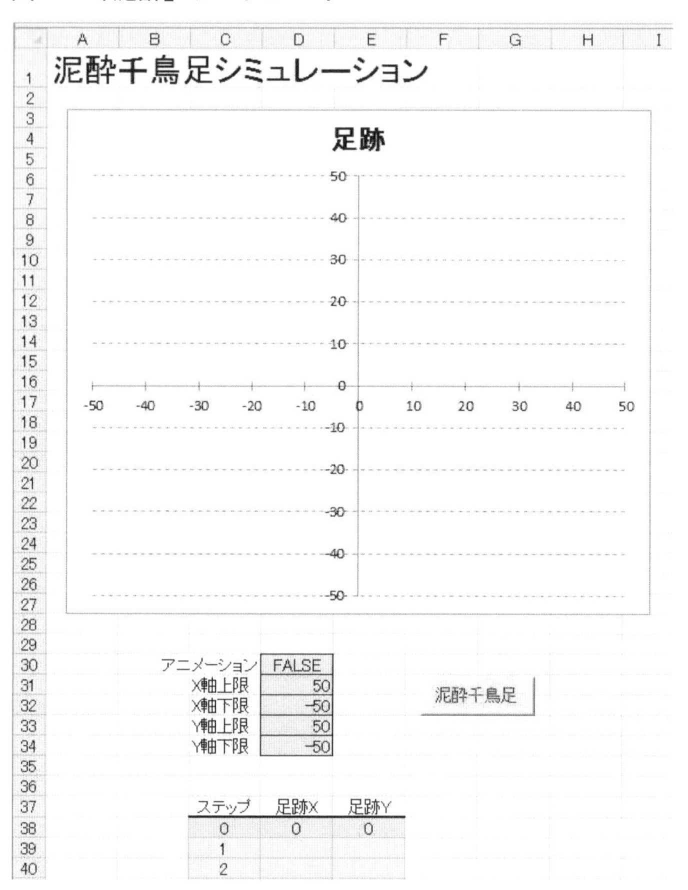

とよいだろう。

```
Sub グラフXY設定(ByVal グラフ番号 As Integer, _
                ByVal X上限値 As Double, _
                ByVal X下限値 As Double, _
                ByVal Y上限値 As Double, _
                ByVal Y下限値 As Double)
```

```
  With ActiveSheet.ChartObjects(グラフ番号) _
    .Chart.Axes(xlCategory)
    .MaximumScale = Ｘ上限値  'Ｘ軸の上限値を設定
    .MinimumScale = Ｘ下限値  'Ｘ軸の下限値を設定
  End With

  With ActiveSheet.ChartObjects(グラフ番号) _
    .Chart.Axes(xlValue)
    .MaximumScale = Ｙ上限値  'Ｙ軸の上限値を設定
    .MinimumScale = Ｙ下限値  'Ｙ軸の下限値を設定
  End With

End Sub

Sub 泥酔千鳥足()

  Const 歩行数 = 1000

  Dim アニメーション As Boolean
  Dim 現在地Ｘ As Double, 現在地Ｙ As Double
  Dim Ｘ軸上限値 As Double, Ｘ軸下限値 As Double
  Dim Ｙ軸上限値 As Double, Ｙ軸下限値 As Double
  Dim i As Integer

  Randomize

  Range("C39:E1038").ClearContents

  アニメーション = Range("D30").Value
```

```
  X軸上限値 = Range("D31").Value
  X軸下限値 = Range("D32").Value
  Y軸上限値 = Range("D33").Value
  Y軸下限値 = Range("D34").Value

  Call グラフXY設定(1, X軸上限値, X軸下限値, _
                    Y軸上限値, Y軸下限値)

  現在地X = 0
  現在地Y = 0

  For i = 1 To 歩行数

    Select Case Rnd() '一様乱数
      Case Is < 0.25: 現在地X = 現在地X - 1  '右へ
      Case Is < 0.5: 現在地X = 現在地X + 1   '左へ
      Case Is < 0.75: 現在地Y = 現在地Y + 1  '前へ
      Case Is < 1: 現在地Y = 現在地Y - 1     '後へ
    End Select
      Cells(38 + i, 3) = i
      Cells(38 + i, 4) = 現在地X
      Cells(38 + i, 5) = 現在地Y

      If アニメーション Then
        '速すぎないように、一歩ごとに0.1秒間ストップする
        Application.Wait [Now() + "0:00:00.1"]
      End If
  Next i

End Sub
```

プログラムが完成したら、泥酔おじさんの動きはどのようなものになるのか何度も実行して観察してみよう。

図5.6は、泥酔おじさんのいくつかの足跡を示している。図をみると、どうやら泥酔おじさんは家にたどり着くことはないようである。いずれ歩くのに疲れ果てて、途中でベンチでも見つけて寝てしまうに違いない。

現実にここまで泥酔して歩き回る人は滅多にいないだろうが、実は泥酔おじさんが歩く軌跡は、インクを水に垂らしたときに観察される動きとそっくりであり、実際、ブラウン運動とはこのよ

図5.6　上下左右泥酔おじさんの足跡の例

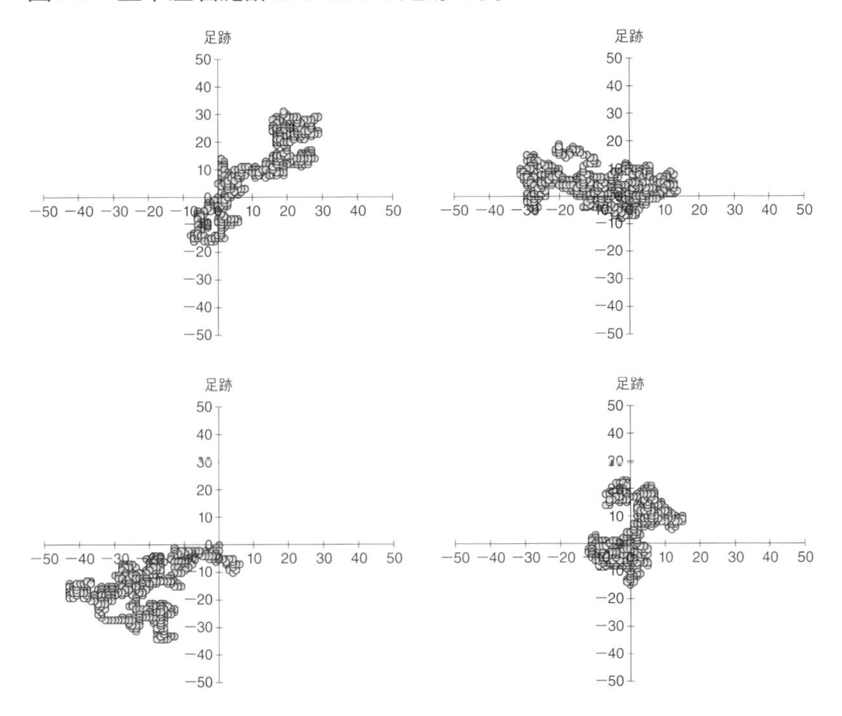

うなものである。
　ここでは動きを２次元の平面に限定したが、３次元や多次元への拡張も可能である。また、それぞれの方向への動きの確率が変化したり、相関関係があると仮定したりすることにより、さらに多くの事象を現実的にモデル化することが可能になる。

Coffee Break

株価のランダム・ウォーク

株価は酔っぱらいおじさんのようにランダム・ウォークしているのだろうか。もしランダム・ウォークなら株価予測は不可能となり、市場の専門家たちは職を失いかねない。

株価は即座にサプライズ情報を織り込み、サプライズは予測できないのでランダム・ウォークするというのが「効率的市場」の考え方である。1970年代以降、この考え方が支配的であったが[3]、やがて、市場は非効率なので、ある場合には予測も可能であるとする「行動ファイナンス」陣営が戦いを挑み、今世紀初頭から激しい論争を繰り広げてきた。その結果、この分野において、理論および実証研究でめざましい進展がみられたものの、結局のところ、いまだに決着はついていない。

2013年には、効率的市場陣営を代表するシカゴ大学のユージン・ファーマと、行動ファイナンス陣営を代表するエール大学のロバート・シラーの両氏が、同時にノーベル経済学賞を授与されるという異例の展開になった。どちらも相手が間違っていると主張する両陣営に、ノーベル賞がお墨付きを与えたということで、まだまだ論争は続きそうである。

この論争は、「地球は球体である」という主張と、「いやいや完全な球体ではない」という主張の争いに例えられるかもしれない。地球は近くでみれば山あり谷あり高層ビルありでデコボコし

3　金融分野でノーベル経済学賞を授与されたポートフォリオ理論やオプション理論は、効率的市場を前提にしている。

ているが、遠くからみれば球体にみえる。実際、地表の高低差によって重力特性なども異なるが、飛行機はそのようなささいな違いは無視して、安全に航行している。この場合、厳密には地球は完全な球体とはいえないものの、事実上は球体とみなしてさしつかえないということで、双方の主張が正しいということになるだろうか。

もし市場がランダム・ウォークなら株価予測は無意味になる。そして、これに関しておもしろい実験がある。バートン・マルキールというアメリカの著名な研究者が、何十年にもわたって、目隠しをした猿が新聞の株価欄にダーツを投げて銘柄選択したポートフォリオ（ランダム・ポートフォリオ）と、プロのファンド・マネージャーが銘柄選択した実際のポートフォリオのパフォーマンスを比較している。まさか高給とりのファンド・マネージャーが目隠しをした猿に負けるはずはないと思うだろうが、両者のパフォーマンスはほぼ拮抗している。

この結果は市場が効率的であるということを示唆する。長年にわたる、より詳細で広範な投資信託のパフォーマンス評価の実証研究も、圧倒的に効率的市場を支持していることから、たとえ市場に非効率な部分があったとしても、そこから超過利益をあげることはむずかしいようである。老後に備えるためにも資産運用が必要であるといわれているが、「投資は自己責任」であるという言葉を、だれもが座右の銘にしておく必要があるかもしれない。

第6章

運命の人との出会い

本章では、個人の重要な意思決定にかかわる例として、「結婚」を取り上げる。若者の結婚観が昔とは大きく変わってきている昨今ではあるが、もし「運命の人」が現れたら、だれもがその人とゴールインしたいと思うに違いない。

しかし現実はなかなか恋愛ドラマのようにはいかないもので、いろいろな出会いがあっても、「この人なのだろうか、後でもっといい人は出てこないだろうか」と迷うのが普通である。

結婚に関して慎重になるのはもっともな話で、古代ギリシャの大哲学者ソクラテスは、「良妻ならば幸せになれるし、悪妻ならば哲学者になれる」といったそうだが、そこまでして哲学者になりたくはない。また、18世紀のドイツの科学者リヒテンブルクは、「結婚とは、熱病とは逆に、発熱で始まり悪寒で終わる」と、既婚者であれば妙に納得できる名言を残している。

このように結婚の意思決定は古来より人生最大の難問ともいえるが、「難問にはモンテカルロ法」である。モンテカルロ法がどのように運命の人との出会いを助けてくれるのか、具体的に考えてみよう。

モンテカルロ法は、不確実な現実をシミュレートすることによって戦略的な評価を可能にする。そこで、運命の人との出会い方の、簡単なシミュレーション・モデルを構築し、最適戦略を考察する。

シミュレーションの仮定

あなたは現在中学生であると仮定しよう。これからさまざまな人との出会いがあるだろうが、できるなら運命の人と結ばれたいと思っている。「運命の人」と出会うためのよい方法はあるだろうか。

おそらく100人と付き合えば、そのなかに運命の人はいるだろう。そこでこの100人を潜在的母集団とみなし、そのなかでベストな人を「運命の人」とする。

とはいえ、人生は短く、実際に付き合える最大限の数（これをX人とする）は20人程度かもしれない。ここで20人の候補者は明確にランクづけでき、同点はないと仮定する。20人全員と付き合ってから、後で選択できるのなら簡単だが、現実的には無理なので、ある時点で決断しなければならない。

もちろん、いきなり最初に出会った人を選ぶのは危険極まりない。相手を冷静にみる目を養うために、最初の数人（これをN人とする）とは、結婚せずに付き合うだけにする。

前に付き合った人のほうがよかったと後悔したくはないので、$N+1$人目からの出会いで、それまでに付き合ったなかでベストな人よりもよい相手だったら結婚する。

ただし、運命の人を求めて一生独身でいる気はないので、たとえ基準を満たしていなくても、最後の人とは必ず結婚すると仮定する。

相手をみる目を養うために最初に付き合う人数として、Nを

図6.1 「第６章　プロポーズ大作戦」の画面

	A	B	C	D	E	F
12		「運命の人」の母集団数＝	100			
13		出会える最大人数(X)＝	20			
14		最初の何人を基準にするか(N)＝	3			
15		リピート数＝	100,000			
16						
17						
18						
19	プロポーズ大作戦				プロポーズ大作戦	
20	1サンプル				リピート・サンプル	
21						
22						
23						
24					最初の何人を基準にするか(N)＝	3
25	最低ランク基準	15			最低ランク基準	25.25
26	結婚相手ランク	1	運命の人		結婚相手ランク	20.24
27	何番目の出会い？	19			何番目の出会い？	9.16
28					最後まで出会えない確率	15.14%
29	1	35			運命の人に出会える確率	6.07%
30	2	15				
31	3	31				
32	4	84				
33	5	80				

何人にしたら、運命の人に出会える可能性がいちばん高くなるだろうか。それとも最適なNなど存在しないだろうか。

さっそくシミュレーション・プログラムを書いて確かめてみよう。図6.1は「第６章　プロポーズ大作戦」ワークブックを開いた画面である。この図では、これから書くプログラムの出力も表示されている。

最初にワークシートの左側を使い、１回のトライアルを行うプログラムを書く。続いて、１回のトライアルでプログラムが何を行っているのかしっかり理解できたら、何回もトライアルを繰り返すようにプログラムを拡張して、運命の人に出会える確率を推定する（ワークシートの右側）。

2　プロポーズ大作戦　1サンプル

セルC12には人生で出会える可能性がある潜在的母集団の人数として100、セルC13には実際に付き合える人数として20が、シミュレーションのパラメーターとして入力してある。つまり、100人の潜在的な相手のなかから、実際に出会って付き合える人数20人がランダムに選択されるということである。

また、相手をみる目を養うために最初に付き合う人数として、セルC14には3が設定してある。この設定を4人、5人と変えながらプログラムを実行することで、最適なNがあるかどうか確認できる。

図6.1に表示されたトライアルでは、最初の3人と付き合った結果、最低ランク基準は15（潜在的母集団の100人中、15番目に好ましい相手）に決まり、19番目に出会った相手が最低ランク基準より上だったので、この人と結婚したということを示している（左下）。しかもその相手は、潜在的候補者100人のうち、ランキングが1番の「運命の人」だった！　このトライアルを何千、何万回と繰り返すことにより、運命の人と出会える確率が推定できる。

以下はModule1に入力するプログラムである。

```
Sub プロポーズ大作戦1サンプル()
  Dim 母集団数 As Integer, 最大人数 As Integer
  Dim 基準人数 As Integer, 候補者() As Integer
```

```
Dim 最低基準 As Integer, 結婚相手 As Integer
Dim ランク As Integer, 既出 As Boolean, 発見 As Boolean
Dim 出会い番号 As Integer, 候補者番号 As Integer
Dim i As Integer, j As Integer

Randomize

母集団数 = Range("C12").Value
最大人数 = Range("C13").Value
基準人数 = Range("C14").Value

ReDim 候補者(1 To 最大人数) As Integer

For i = 1 To 最大人数
  Do
    既出 = False
    ランク = Int(母集団数 * Rnd()) + 1
    For j = 1 To i - 1  '既に出ているかチェック
      If 候補者(j) = ランク Then 既出 = True
    Next j
  Loop Until 既出 = False
  候補者(i) = ランク
Next i

'ベストランキングを探す(最小値)
最低基準 = 母集団数
For i = 1 To 基準人数
  If 候補者(i) < 最低基準 Then 最低基準 = 候補者(i)
Next i
```

```
    '運命の人選び
    発見 = False
    候補者番号 = 基準人数 + 1
    Do
      If 候補者(候補者番号) < 最低基準 Then
        結婚相手 = 候補者(候補者番号)
        出会い番号 = 候補者番号
        発見 = True
      End If
      候補者番号 = 候補者番号 + 1
    Loop Until 発見 Or 候補者番号 > 最大人数

    '見つからない場合は最後の人
    If Not 発見 Then
      結婚相手 = 候補者(最大人数)
      出会い番号 = 最大人数
    End If

    Range("B25") = 最低基準
    Range("B26") = 結婚相手
    Range("B27") = 出会い番号

    For i = 1 To 最大人数
      Cells(28 + i, 1) = i
      Cells(28 + i, 2) = 候補者(i)
    Next i

End Sub
```

「候補者」はInteger型の配列変数である。配列変数は、同じデータ型の値（要素）を何個も格納することができる。「候補者」の要素の数は、プログラムの実行中に「最大人数」の値で決まるため、最初に**Dim**で、「()」を用いて動的配列として宣言し、最大人数をワークシートから読み込んだ後、**ReDim 候補者（1 To 最大人数）As Integer**のステートメントで再設定している。なお、要素数があらかじめ決まっている静的配列は、最初の宣言時に要素数も一緒に指定する。

Subプロシージャ**プロポーズ大作戦1サンプル**では、母集団の人数、出会える人数、仮に基準とする人数をワークシートから読み込み、出会える候補者それぞれに対して、一様乱数を用いてランダムにランクづけを行う。図6.1の画面の例では、母集団が100人なので、出会える候補者20人それぞれが、1～100までのランクを付与される。同点はいない。

このランクづけに基づき、ワークシートで設定した基準人数（最初に付き合うだけの人）のうち、いちばん良好なランクが結婚相手の最低基準となる。その後、$N+1$人目から登場する候補者が、最低基準をクリアしているかどうかをチェックしていく。もし基準を満たした相手が出てくれば結婚し、仮にそうでない場合も、最後の相手とは結婚する。

シミュレーションの結果として、セルB25には最低基準、セルB26には結婚相手のランク、セルB27には何番目の出会いかを出力する。その下のセルB29以降は、候補者20人のランクがすべて出力される。

Subプロシージャ**プロポーズ大作戦1サンプル**が作成できたら、セルC14の基準人数を変えて何回も実行してみよう。なかなか運命の人に出会うのはむずかしそうである。またこれだけでは、Nを何人にしたら運命の人と出会える確率が高まるのかわからない。そこで次にプログラムを拡張して、何回もトライアルを繰り返し、確率が推定できるようにする。

3 プロポーズ大作戦　リピート・サンプル

前のプログラムの拡張なので、1サンプルのコードを、モジュールの下にコピー＆ペーストして修正すると簡単である。

この拡張プログラムでは、セルC15で指定した回数を繰り返して、シミュレーション結果をセルF24～に出力する。F24は確認のためである。続けて「最低ランク基準」「結婚相手ランク」「何番目の出会い？」「最後まで出会えない確率」「運命の人に出会える確率」を、それぞれ計算して出力する。

プログラムは以下のようになる。

```
Sub プロポーズ大作戦リピート()

Dim 母集団数 As Integer, 最大人数 As Integer
Dim 基準人数 As Integer, リピート数 As Long
Dim 候補者() As Integer, 最低基準 As Integer
Dim 結婚相手 As Integer, ランク As Integer
Dim 既出 As Boolean, 発見 As Boolean
Dim 出会い番号 As Integer, 候補者番号 As Integer
Dim i As Integer, j As Integer, iL As Long
Dim 最低基準平均 As Double, 結婚相手平均 As Double
```

```
Dim 出会い番号平均 As Double, 出会えなかった数 As Double
Dim 運命の人に出会えた数 As Double

Randomize

母集団数 = Range("C12").Value
最大人数 = Range("C13").Value
基準人数 = Range("C14").Value
リピート数 = Range("C15").Value

ReDim 候補者(1 To 最大人数) As Integer
最低基準平均 = 0
結婚相手平均 = 0
出会い番号平均 = 0
出会えなかった数 = 0
運命の人に出会えた数 = 0

For iL = 1 To リピート数

  For i = 1 To 最大人数
    Do
      既出 = False
      ランク = Int(母集団数 * Rnd()) + 1
      For j = 1 To i - 1  '既に出ているかチェック
        If 候補者(j) = ランク Then 既出 = True
      Next j
    Loop Until 既出 = False
    候補者(i) = ランク
  Next i
```

```
'ベストランキングを探す(最小値)
最低基準 = 母集団数
For i = 1 To 基準人数
  If 候補者 (i) < 最低基準 Then 最低基準 = 候補者(i)
Next i

'運命の人選び
発見 = False
候補者番号 = 基準人数 + 1
Do
  If 候補者(候補者番号) < 最低基準 Then
    結婚相手 = 候補者(候補者番号)
    出会い番号 = 候補者番号
    発見 = True
  End If
  候補者番号 = 候補者番号 + 1
Loop Until 発見 Or 候補者番号 > 最大人数

'見つからない場合は最後の人
If Not 発見 Then
  結婚相手 = 候補者(最大人数)
  出会い番号 = 最大人数
  出会えなかった数 = 出会えなかった数 + 1
End If

最低基準平均 = 最低基準平均 + 最低基準
結婚相手平均 = 結婚相手平均 + 結婚相手
出会い番号平均 = 出会い番号平均 + 出会い番号
If 結婚相手 = 1 Then
  運命の人に出会えた数 = 運命の人に出会えた数 + 1
```

```
    End If

Next iL

Range("F24") = 基準人数
Range("F25") = 最低基準平均 / リピート数
Range("F26") = 結婚相手平均 / リピート数
Range("F27") = 出会い番号平均 / リピート数
Range("F28") = 出会えなかった数 / リピート数
Range("F29") = 運命の人に出会えた数 / リピート数

End Sub
```

基準とする人数を変えてシミュレーションを行うことで、それがどのように運命の人と出会える確率を変えるのか、考察することができる。もちろん、プログラムをさらに拡張すれば、自動的に基準人数を変えながらシミュレーションを行い、まとめて結果を出力することも可能である。ぜひ挑戦していただきたい。

表6.1は、リピート数を10万として、基準人数（N）を３人から11人まで１人ずつ増やしていった場合の結果である。また図6.2には、表の最下段の「運命の人に出会える確率」をグラフで表してある。

結婚相手に求める最低基準を決めるための、最初に付き合う人数が増えるにつれ、「運命の人」に出会える確率は増加し、７人でピークに達することがみてとれる。つまり最適な運命の人との出会い方があったということである。さすがモンテカルロ法と、あらためて感嘆する読者もいるかもしれない。この場合、最初の

表6.1　シミュレーション結果のまとめ

基準の人数（N）＝	3	4	5	6	7	8	9	10	11
最低ランク基準	25.26	20.09	16.75	14.45	12.63	11.25	10.06	9.20	8.41
結婚相手ランク	20.14	20.24	21.07	22.44	24.01	25.56	27.80	29.81	32.00
何番目の出会い？	9.13	10.86	12.34	13.59	14.68	15.63	16.48	17.18	17.82
最後まで出会えない確率	14.90%	20.03%	25.24%	30.06%	34.96%	39.82%	45.11%	49.93%	55.17%
運命の人に出会える確率	6.16%	6.77%	7.23%	7.54%	7.73%	7.62%	7.49%	7.28%	6.86%

図6.2　基準人数と運命の人に出会える確率の関係

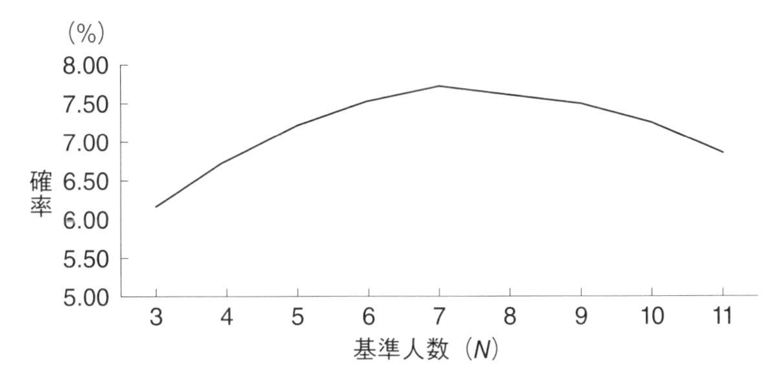

７人とは付き合うだけにとどめ、８人目からの出会いで、それまでのベストを選ぶのが、「運命の人」と結ばれる可能性を最大化する最善の戦略といえる。

ただし、「運命の人」と出会うのは、おおよそ15番目なので、かなりの根気や気力が必要になる。また、最低基準を満たす相手に出会えず、最後に妥協する確率も増えていくので、前にもっとよい人がいたのにと悔やむ可能性が高くなる。最悪の場合、哲学者になりたくなってしまうかもしれない。運命の人と出会うには、それなりのコストも覚悟したほうがよさそうだ。

Coffee Break

e（イー）数字

本章で紹介した例は、「最適停止問題」と呼ばれるものの一例で、より一般的には「秘書問題」として知られる。これには解析解があり、最適な基準の人数は $\frac{N}{e}=7.36$人（e は自然対数の底でおよそ2.718）である。シミュレーション結果もほぼ一致していた。

分母の e は、$\left(1+\frac{1}{n}\right)^n$ という式で表される数のなかで、n が無限大のときの値である。これが自然対数の底 e であるが、発見者の名前からネイピア数とも呼ばれる。

この e は本当によい数字で、さまざまな公式に登場する。たとえば、物理学者のファインマンが「われわれの至宝」かつ「すべての数学のなかで最も素晴らしい公式」と称したオイラーの公式は、

$$e^{i\pi}=-1$$

である。右辺の－１を左辺に移すと、$e^{i\pi}+1=0$ になるが、これは「イー家庭は、愛情の込もったパイと子供が１人いれば、すべて丸く収まる」と読め、まんざら運命の人との結婚と無縁ではない。

ついでに e は出てこないが、愛情いっぱいの公式としては、

$$E=MC^2$$

もある。アインシュタインが特殊相対性理論の帰結として導き出した、おそらく世界で最も有名な公式なので、知っている読者も多いだろう。これは「イー家庭は、みんなで力を合わせて」と読める。ちなみにアインシュタインは、第5章で触れたブラウン運動の研究でも知られている。

第 7 章

最適発注量

前章では、個人の重大な意思決定についてシミュレーションした。本章では、企業（ビジネス）の意思決定に関するモンテカルロ法の適用例を取り上げる。具体的には、在庫量を最適に管理するための意思決定である。

在庫管理法の分野では、トヨタのジャスト・イン・タイムや、経済発注量モデルなどさまざまな手法が開発されているが、ここでは、街角の新聞スタンドの在庫に関して、簡単なモンテカルロ・シミュレーション・モデルを構築し、最適発注量について分析する。

経済発注量モデルのように公式で計算するモデルに比べて、モンテカルロ・シミュレーション・モデルは最初のプログラムを構築するのがややめんどうなものの、公式を用いたのでは反映できない、現実的な状況や個別的要件を容易に組み込むことができるという利点をもつ。

1 シミュレーションの仮定

街角の新聞（朝刊）スタンドを想定する。

街角の新聞スタンドの毎日の売上げは、さまざまな要因で変動する。天候はもちろんのこと、平日か週末か、何月か（夏休みや年末年始等は売れ行きが異なるかもしれない）、売れ筋の記事が出るか（オリンピック等のスポーツ・イベントの有無や、政治・経済に関する大きな記事、ゴシップなど）等の要因で売上げは異なる。

日々の売上げが変動するので、仕入量が多すぎると売れ残ってしまう。一方、売れ残りを避けるために仕入れを減らすと、顧客が買いに来ても売る新聞がないという、品切れによる機会費用が発生する。この場合、顧客が不満を感じて、それ以降は他の店を利用するようになってしまうかもしれない。

したがって、新聞を毎日どれだけ発注するかというのは、新聞スタンドにとってきわめて重要な経営上の難問である。

売上げが変動するとはいえ、ある程度の経験則による予測は可能である。そこで毎日の売上げの不確実性は、期待値を中心に正規分布をなすと仮定する。

さらに、新聞は通勤時間が終わるとすぐ処分するが、まだ売れる可能性があるので、専門業者が代金を払って引き取っていくと仮定する。また、仕入値は1カ月単位の注文を条件とする。これは後で契約期間ごとの差異を反映する必要がある場合に、プログラムの拡張を容易にするためのものである（本書では取り扱わない）。

加えて、各顧客は1部しか新聞を買わないとする。

新聞スタンドの最適な発注量（1日当りの仕入数）はどれくらいだろうか。

2 シミュレーション・プログラム

図7.1は、「第7章　最適発注量」ワークブックを開いたところである。

図7.1 「第7章　最適発注量」の画面

	A	B	C	D	E	F	G	H
10							1日当り	
11							仕入数	200
12		期待販売数(1日)	200	部			顧客数	199.9
13		販売数の標準偏差	40	部			販売数	184.0
14		売値(1部)	100	円			売上高	18,399.4
15		仕入数(1日)	200	部			売上原価	11,039.7
16		仕入値(1部)	60	円			粗利	7,359.8
17		廃棄価値1部	5	円			売残数	16.0
18		品切(顧客損失)費用(1部)	120	円			廃棄価値	80.0
19							売残費用	880.3
20		契約日数	30	日間			品切数	16.0
21		試行回数	10,000	回			品切費用	1,914.1
22							トータル損益	4,565.4
23								
24		最適発注量						
25								

ワークシートの左側はパラメーターの指定画面で、プログラムはこれらに基づいてシミュレーションを行い、右側に結果を出力する。

セルC12の「期待販売数（1日）」は、正規分布をなすと仮定した1日当りの売上げ分布の平均値である。C13は分布の標準偏差で、売上げの不確実性を反映する。C17の廃棄価値は、売れ残った新聞を専門業者に処分するときの価格である。C18の品切費用は重要なパラメーターであるが、なかなか客観的に見積もることがむずかしい。ここでは仮に120円としている。

すでに述べたように、契約日数（C20）と試行回数（C21）を別にしているのは、後で必要になるかもしれない契約日数に関係した分析への拡張を容易にするためである。

なお、このプログラムは若干長くなるので、モジュールを1つのプログラムとみなして、プログラムする。

モジュール・レベルの変数を用いると、モジュール内のどのサブ・プロシージャでも、それらの変数が共通のものとして使えるので、煩雑な引数の受渡しが省略できて便利である。とはいえ、引数の受渡しを明示的に行わないので、うっかり重要な変数の値を、どこかのサブ・プロシージャが変えてしまうというプログラム・ミスも起こりやすくなる。常にモジュール・レベルでプログラムするのがよいとは限らないので、注意してほしい。

また、モジュール・レベルのプログラムでは、処理の流れがよくわかるように、プロシージャを機能別に分けることも簡単である。このプログラムでは、

① データの読み込み

② 初期化

③ シミュレーション

④ 結果出力

という、機能別に分けた構造にする。

VBAプログラムは、以下のようになる。

```
'***************モジュール・レベル変数***************
Private 期待販売数 As Double, 標準偏差 As Double
Private 売値 As Double, 仕入数 As Long
Private 仕入値1部 As Double, 廃棄価値1部 As Double
Private 品切費用1人 As Double, 契約日数 As Integer
Private 試行回数 As Long, 顧客数 As Long
Private 販売数 As Long, 売上高 As Double
Private 売上原価 As Double, 粗利 As Double
Private 売残数 As Long, 売残費用 As Double
Private 廃棄価値 As Double, 品切数 As Long
Private 品切費用 As Double, 損益 As Double
Private 顧客数合計 As Double, 販売数合計 As Double
```

```
Private 売上高合計 As Double, 売上原価合計 As Double
Private 粗利合計 As Double, 売残数合計 As Double
Private 廃棄価値合計 As Double, 売残費用合計 As Double
Private 品切数合計 As Double, 品切費用合計 As Double
Private 損益合計 As Double

Function MyMax(ByVal Num1 As Double, _
               ByVal Num2 As Double) As Double
  If Num1 > Num2 Then
    MyMax = Num1
  Else
    MyMax = Num2
  End If
End Function

Function MyMin(ByVal Num1 As Double, _
               ByVal Num2 As Double) As Double
  If Num1 < Num2 Then
    MyMin = Num1
  Else
    MyMin = Num2
  End If
End Function

Private Sub データの読み込み()
  期待販売数 = Range("C12").Value
  標準偏差 = Range("C13").Value
  売値 = Range("C14").Value
  仕入数 = Range("C15").Value
  仕入値1部 = Range("C16").Value
```

```
  廃棄価値1部 = Range("C17").Value
  品切費用1人 = Range("C18").Value
  契約日数 = Range("C20").Value
  試行回数 = Range("C21").Value
End Sub

Private Sub 初期化()
  顧客数合計 = 0
  販売数合計 = 0
  売上高合計 = 0
  売上原価合計 = 0
  粗利合計 = 0
  売残数合計 = 0
  廃棄価値合計 = 0
  売残費用合計 = 0
  品切数合計 = 0
  品切費用合計 = 0
  損益合計 = 0
End Sub

Private Sub シミュレーション()
  Dim 正規乱数 As Double
  Dim iL As Long, j As Integer

  Randomize

  For iL = 1 To 試行回数
    For j = 1 To 契約日数
      正規乱数 = WorksheetFunction.NormSInv(Rnd)
      顧客数 = 期待販売数 + Round(標準偏差 * 正規乱数, 0)
```

```
      販売数 = MyMin(顧客数, 仕入数)
      売上高 = 販売数 * 売値
      売上原価 = 販売数 * 仕入値1部
      粗利 = 売上高 - 売上原価

      売残数 = 仕入数 - 販売数
      廃棄価値 = 売残数 * 廃棄価値1部
      売残費用 = 売残数 * (仕入値1部 - 廃棄価値1部)

      品切数 = MyMax(顧客数 - 仕入数, 0)
      品切費用 = 品切数 * 品切費用1人
      損益 = 粗利 - 売残費用 - 品切費用

      顧客数合計 = 顧客数合計 + 顧客数
      販売数合計 = 販売数合計 + 販売数
      売上高合計 = 売上高合計 + 売上高
      売上原価合計 = 売上原価合計 + 売上原価
      粗利合計 = 粗利合計 + 粗利
      売残数合計 = 売残数合計 + 売残数
      廃棄価値合計 = 廃棄価値合計 + 廃棄価値
      売残費用合計 = 売残費用合計 + 売残費用
      品切数合計 = 品切数合計 + 品切数
      品切費用合計 = 品切費用合計 + 品切費用
      損益合計 = 損益合計 + 損益
    Next j
  Next iL

End Sub

Private Sub 結果出力()
```

```
  Dim 日数合計 As Long
  日数合計 = 契約日数 * 試行回数
  Range("H11") = 仕入数
  Range("H12") = 顧客数合計 / 日数合計
  Range("H13") = 販売数合計 / 日数合計
  Range("H14") = 売上高合計 / 日数合計
  Range("H15") = 売上原価合計 / 日数合計
  Range("H16") = 粗利合計 / 日数合計
  Range("H17") = 売残数合計 / 日数合計
  Range("H18") = 廃棄価値合計 / 日数合計
  Range("H19") = 売残費用合計 / 日数合計
  Range("H20") = 品切数合計 / 日数合計
  Range("H21") = 品切費用合計 / 日数合計
  Range("H22") = 損益合計 / 日数合計
End Sub

Sub 最適発注量Main()
  Call データの読み込み
  Call 初期化
  Call シミュレーション
  Call 結果出力
End Sub
```

モジュール・レベル変数は、モジュールの先頭部分でPrivateによって宣言している。これはDimに相当し、実際、Dimにかえても問題なくプログラムは動くが、モジュール・レベルの変数であると明示するために、Privateを用いるのがよいだろう。また、モジュール・レベル変数は、「Public 変数名 As データ型」でも宣言できる。この場合、１つのモジュール内だけではなく、複数のモジュールで同じ変数を使用することが可能になる。

VBA関数MyMaxとMyMinは、２つの数値を受け取り、それぞれ大きい値と小さい値を返す。ワークシート関数のMinとMaxを用いることも可能だが、実行速度が遅くなるので、ここではVBAでプログラムしている。

「データの読み込み」「初期化」「シミュレーション」「結果出力」プロシージャのSubステートメントの前にPrivateがついているが、これにより、これらのプロシージャは同じモジュール内でしか呼び出せないようになる。また、Private Subプロシージャは、ワークシートのマクロ実行ボタンにVBAプログラムを登録する際に、リストに現れない。なお、すべてのモジュールから呼出し可能にするステートメントとしてPublicがあるが、これはVBAのデフォルト設定なので、SubとPublic Subは同じ意味になる。

「シミュレーション」サブ・プロシージャでは、Rndで発生させた一様乱数を、エクセルのワークシート関数NormSInvを用いて標準正規乱数（平均＝０、標準偏差＝１）に変換している。ワークシート関数NormSInvは、標準正規分布の累積分布関数の逆関数の値を返す。

プログラムが入力できたら、パラメーターの値を確認して、図7.1のような値が出力されるかどうか試してみよう。モンテカルロ・シミュレーションなので、図と同じ値にはならないが、近い数字が出ていればOKである。セルC15の仕入数に対応して損益が変化するので、この値を変えることにより、最適な仕入数が存在するか確かめることができる。

とはいえ、手作業ではめんどうなので、ワークシート下部のテーブルを埋めるプログラムを作成することにしよう。

	A	B	C	D	E	F	G	H	I	J
31										
32						テーブルシミュレーション				
33										
34		10								
35	仕入数	150	160	170	180	190	200	210	220	23
36	顧客数									
37	販売数									
38	売上高									
39	売上原価									
40	粗利									
41	売残数									
42	廃棄価値									
43	売残費用									
44	品切数									
45	品切費用									
46	損益									

以下のプログラムを、モジュールの最後に入力する。このプログラムは、テーブルの仕入数の値（35行目、セルB35～U35）を順次C15に入力し、**最適発注量Main**を実行してから、出力の内容をテーブルに書き写す。

```
Sub テーブルシミュレーション()

  Const コラム数 = 20
  Dim i As Integer, k As Integer

  Range("B36:U46").ClearContents
  For i = 1 To コラム数
    Range("C15") = Cells(35, 1 + i)
    Call 最適発注量Main
    For k = 1 To 11
      Cells(35 + k, 1 + i) = Cells(11 + k, 8)
    Next k
  Next i

End Sub
```

表7.1　テーブルシミュレーションの結果

仕入数	150	160	170	180
顧客数	199.9	199.8	199.9	200.1
販売数	148.0	156.6	164.7	172.1
売上高	14,795.9	15,660.8	16,473.4	17,210.2
売上原価	8,877.5	9,396.5	9,884.1	10,326.1
粗利	5,918.3	6,264.3	6,589.4	6,884.1
売残数	2.0	3.4	5.3	7.9
廃棄価値	10.2	17.0	26.3	39.5
売残費用	112.3	186.5	289.6	434.4
品切数	52.0	43.2	35.2	28.0
品切費用	6,236.1	5,180.6	4,223.2	3,356.4
損益	−430.0	897.2	2,076.5	3,093.3

仕入数	250	260	270	280
顧客数	200.1	200.1	199.9	199.9
販売数	198.0	198.9	199.3	199.6
売上高	19,803.9	19,890.0	19,930.5	19,961.4
売上原価	11,882.3	11,934.0	11,958.3	11,976.9
粗利	7,921.6	7,956.0	7,972.2	7,984.6
売残数	52.0	61.1	70.7	80.4
廃棄価値	259.8	305.5	353.5	401.9
売残費用	2,857.8	3,360.5	3,888.2	4,421.2
品切数	2.0	1.2	0.6	0.3
品切費用	244.5	141.3	76.5	40.1
損益	4,819.2	4,454.2	4,007.4	3,523.2

190	200	210	220	230	240
200.1	200.0	200.0	200.1	200.0	200.1
178.6	184.1	188.6	192.1	194.8	196.7
17,861.0	18,407.0	18,857.4	19,212.1	19,478.5	19,674.9
10,716.6	11,044.2	11,314.4	11,527.2	11,687.1	11,805.0
7,144.4	7,362.8	7,543.0	7,684.8	7,791.4	7,870.0
11.4	15.9	21.4	27.9	35.2	43.3
56.9	79.6	107.1	139.4	176.1	216.3
626.4	876.1	1,178.4	1,533.4	1,936.8	2,378.8
21.5	16.0	11.5	7.9	5.2	3.3
2,575.2	1,916.4	1,374.1	952.2	627.9	399.3
3,942.8	4,570.3	4,990.4	5,199.3	5,226.7	5,091.9

290	300	310	320	330	340
200.1	200.1	200.1	200.0	199.9	199.8
199.9	200.0	200.1	200.0	199.9	198.8
19,990.1	19,998.8	20,008.0	19,998.3	19,988.9	19,983.5
11,994.1	11,999.3	12,004.8	11,999.0	11,993.3	11,990.1
7,996.1	7,999.5	8,003.2	7,999.3	7,995.5	7,993.4
90.1	100.0	109.9	120.0	130.1	140.2
450.5	500.1	549.6	600.1	650.6	700.8
4,955.4	5,500.7	6,045.6	6,600.9	7,156.1	7,709.1
0.2	0.1	0.0	0.0	0.0	0.0
20.7	9.7	4.2	1.8	0.7	0.3
3,019.9	2,489.1	1,953.4	1,396.6	838.7	284.0

図7.2 テーブルシミュレーションの結果

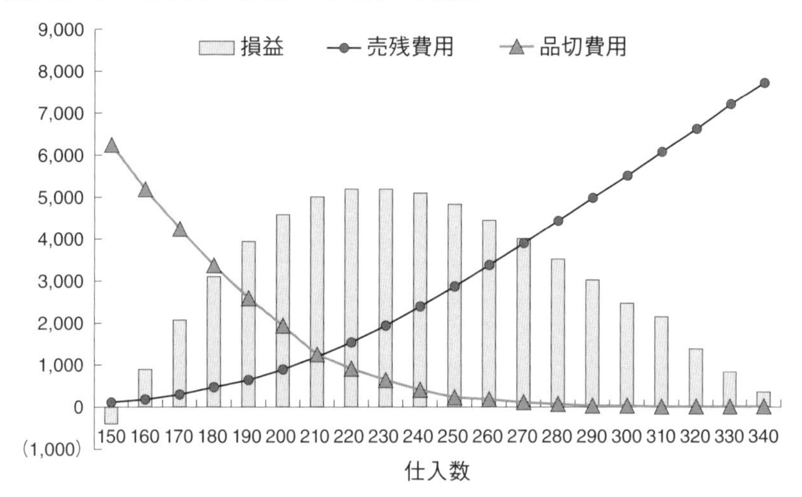

表7.1は、テーブルシミュレーションを実行した結果である。図7.2では、表のなかから、損益、売残費用、品切費用を取り出してグラフにしている。

仕入数が増えると品切費用は減るが、同時に売残費用が増えていくのが明確にみてとれる。また、損益はきれいな山のかたちをしていて、ピーク（最適な仕入数）は230部近辺に存在する。これは期待販売数の200部より少し多い。品切れになってせっかく買いに来てくれた常連客を失うよりは、少し余分に在庫をもったほうがよいという、古くからの商売の常識とも合致する結果である。

もちろん、この結果は前提となるシミュレーション・パラメーターに依存している。前提条件が変われば山のかたちもピークも変わるので、いろいろと試してみてほしい。また、パラメーターのなかでは、品切費用の見積りがいちばん不確かなので、品切費用を変えながら、最適仕入数との関係を分析することも重要だろう。

Coffee Break

データの活用と不確実性の評価

本章で取り上げた新聞販売は、たとえば、コンビニエンス・ストアにおける商品の販売にも応用することができる。

コンビニエンス・ストアでは、どの店舗で、どの日時に、どの程度の数量の、どの種類の商品を、どのような性別で、どのような年齢層の顧客が購入したか等の、商品の販売に関するさまざまな情報を利用することができるようになってきている。このようないわゆる「ビッグ・データ」を利用して、戦略的に活用できる意思決定モデルを構築することも可能だろう。たとえば本章のモデルでいえば、品切費用はライバル店の利益と密接に関連しているので、逆に在庫費用を負ってもライバル店の顧客を獲得するといった販売戦略の分析に、貴重な情報を提供するかもしれない。

また、コンビニの商品といった製品だけではなく、メーカーの製造工程における原材料や仕掛品の管理も、同様なアプローチで最適化を図ることが可能である。実際、章の冒頭で簡単に触れたように、在庫管理法はメーカーの原材料管理の分野で発展してきた。

とはいえ、既存の数式モデルは標準的な工程を想定しているので、個別企業の特殊な状況を反映することが困難である。モンテカルロ法のメリットは、標準的なモデルの考え方をふまえながら、特殊要因をフレキシブルに組み込める点にある。加えて、不確実性をベースにしているので、まれに起こる危機的イベントの影響や発生確率なども、簡単な拡張で容易に分析することが可能になる。モンテカルロ法は、そのパワーとフレキシビリティから、経営科学の分野で、ますます活用されていくだろう。

おわりに

ここまで、モンテカルロ法の基本的な例をいくつか取り上げて解説してきたが、モンテカルロ法はさまざまな分野で利用され、その応用範囲はきわめて広い。最後に結びとして、近年の潮流をふまえ、いくつかの応用分野を紹介する。関心のある読者は、参考文献に掲げた書籍等をもとに、さらに学習を深めるとよいだろう。

1　統計科学分野

主観確率をベースとしたベイズ統計学においては、事前に想定した確率分布（事前分布）と後で得られたデータ（情報）を前提として事後的な確率分布（事後分布）を算出し、これをもとに推定や予測を行う。事後分布の算出は、定常分布を想定して、マルコフチェイン・モンテカルロ法（MCMC法）と呼ばれる手法が利用される。MCMC法では、各試行において相関を許したサンプリングが行われるため、本書で紹介したような各乱数が独立であるという仮定より、さらに現実的で柔軟な分析が可能になる。

MCMC法の応用分野は幅広く、統計物理では、磁性体のモデルであるイジングモデルを用いた相転移のシミュレーション等に用いられる。また、制御理論においては、最新の情報を前提とした状態変数の確率分布を、モンテカルロ・フィルタで推定する手法が研究され利用されてきている。モンテカルロ・フィルタは、人工衛星の軌道予測等のために開発されたカルマン・フィルタを拡張したかたちであり、あらかじめ特定の確率分布を仮定する必要がないことが特長である。さらに、医療統計の分野では、被験者の個人別の特性をふまえた階層的なモデリングと推定のため、MCMC法が用いられている。

上記のほか、推測統計学において、標本数が少ない場合の推定値の評価などで用いられるブートストラップ法も、モンテカルロ法の一つで、乱数に基づくサンプリングが行われている。

2　金融工学分野

近年のグローバルな金融自由化の流れに伴い、金融市場では多様な派生商品が生み出され、これらを価格づけ（プライシング）するためのさまざまな数学的手法が開発されている。

金融派生商品の代表的なものとして、ブラック・ショールズ・オプション価格モデルがあるが、これは無配当株式を原資産とするヨーロピアン・オプション（権利行使が満期時のみ）の価値を、解析的に導いた理論価格公式である。アメリカン・オプションなどの途中で権利行使が可能なものについては、解析的な解を得ることが困難であり、格子法に加えてモンテカルロ法によるプライシングも行われている。

このほかにも、銀行や保険会社などの金融機関の資本規制や経済価値評価において、金融機関が有するリスク計測のため、モンテカルロ法が利用されている。市場リスクや信用リスク等のなかには、必ずしも正規分布を仮定することが妥当でないものも多く、このようなリスクを計測するため、非正規分布を前提にモンテカルロ法ベースのモデル化や計測が行われる。

3　経営科学分野

経営上の諸問題に対して数理的にアプローチする経営科学の分

野では、モンテカルロ法は欠くことのできない重要なツールとなっている。特に対象となるシステムが複雑になると、解析解が得られない場合が多く、その際にはモンテカルロ法が「最後の手段」になる。

この分野におけるモンテカルロ法の応用は幅広く、伝統的な待ち行列の問題では、銀行や病院などの窓口の待ち時間の最適化、流通システムや情報ネットワーク、さらには交通システムの効率化などを扱う。

在庫管理の問題に関しては、第7章でも簡単な例を取り上げたが、不確実な需要に対する最適在庫管理分析はモンテカルロ法の独壇場といっても過言ではない。

また、生産・製造工程に関しても、スケジュール管理や生産ラインの効率化、製造機械の配置などでモンテカルロ法が活用されている。特に機械の故障は確率的な事象なので、他のアプローチでは現実に即した分析がむずかしい。

ファイナンスに関してはすでに述べたが、経営管理の分野でも、キャッシュフロー要因の分析や財務計画分析などで用いられている。また企業活動に欠かせないマーケティングの分析には、数多くの不確実性要因がかかわっていることから、モンテカルロ法は重要な情報を提供する戦略的ツールとなっている。

ファイナンスに関連するものとして、経営戦略をふまえて事業プロジェクトを評価する「リアル・オプション分析」もあげられる。モンテカルロ法によるリアル・オプション分析は、金融分野におけるオプションのプライシング理論とモンテカルロ・シミュレーションのフレームワークを応用し、不確実性下における経営戦略に係る選択肢を考慮したうえで、事業価値やリスクの評価を行うものである。

事業価値評価の手法として、従来DCF法（割引キャッシュフロー法）が広く利用されてきたが、今日の不確実な事業環境において、撤退や拡大・縮小といった経営上の選択肢（オプション）を考慮した評価が行えないことは、致命的な欠陥であるといえる。リアル・オプション分析は、DCF法に比べて手法が難解であり、新薬開発や資源開発といった高い不確実性とリスクを伴う分野の大企業が先陣を切って応用してきたが、グローバル化が進み世界的に不確実性が高まるなか、そのパワーと柔軟性から、他の事業分野でも活用する動きが広まっている。

モンテカルロ法はまた、企業の諸問題を超えて、消防や警察といった公共システム、さらには原子力発電所や大規模ダム建設等における、経済合理性や環境に対する影響などの分析にも用いられている。これらの事業は非常に規模が大きく、不確実性要因も多岐にわたるので、モンテカルロ・シミュレーションが唯一の分析手段というケースも少なくない。

以上、代表的な分野におけるモンテカルロ法の応用を概観したが、これ以外のさまざまな分野でもモンテカルロ法が欠かせないツールとして重要度を増している。モンテカルロ法は、今後さらにその活躍の場を広げていくことだろう。

【参考文献】

より深い内容について学習したい読者のため、参考文献の例を掲げた。いずれも、本書ではカバーし切れていない内容が含まれている。このほかにも参考となる文献はたくさんあり、インターネットや図書館等を通じて探索することをお勧めする。

[エクセル・VBA関係]
・蒲生睦男『[改訂3版] Excel VBA逆引きハンドブック』C&R研究所、2014年
・小舘由典『できる Excel 2013』インプレスジャパン、2013年
・小舘由典『できる Excel マクロ&VBA』インプレスジャパン、2013年

[確率・統計関係]
・伊藤清『確率論（岩波基礎数学選書）』岩波書店、1991年
・国沢清典『確率論とその応用』岩波全書、1982年
・国沢清典『確率統計演習1 確率』培風館、1996年
・国沢清典『確率統計演習2 統計』培風館、1996年
・東京大学教養学部統計学教室『統計学入門（基礎統計学Ⅰ）』東京大学出版会、1991年
・東京大学教養学部統計学教室『人文・社会科学の統計学（基礎統計学Ⅱ）』東京大学出版会、1994年
・東京大学教養学部統計学教室『自然科学の統計学（基礎統計学Ⅲ）』東京大学出版会、1992年
・松原望『ベイズ統計学概説―フィッシャーからベイズへ』培風館、2010年
・松原望『入門ベイズ統計学―意思決定の理論と発展』東京図書、

2008年
・渡部洋『ベイズ統計学入門』福村出版、1999年
・涌井良幸、涌井貞美『Excelで学ぶ統計解析―統計学理論をExcelでシミュレーションすれば、視覚的に理解できる』ナツメ社、2003年

[乱数・数値解析関係]

・D. P. クローゼ、T. タイマー、Z. I. デボフ著、伏見正則、逆瀬川浩孝監修・翻訳『モンテカルロ法ハンドブック』朝倉書店、2014年
・相良紘『技術者のための数値計算入門―Excel VBAで学ぶ』日刊工業新聞社、2007年
・水島二郎、柳瀬眞一郎『理工学のための数値計算法［第２版］（新・数理／工学ライブラリ数学３）』数理工学社、2009年
・宮武修、脇本和昌『乱数とモンテカルロ法』森北出版、1978年

[モンテカルロ法の応用分野]

(1) 統計科学分野

・伊庭幸人、種村正美、大森裕浩、和合肇、佐藤整尚、高橋明彦『計算統計２ マルコフ連鎖モンテカルロ法とその周辺（統計科学のフロンティア12)』岩波書店、2005年
・久保拓弥『データ解析のための統計モデリング入門――一般化線形モデル・階層ベイズモデル・MCMC（確率と情報の科学)』岩波書店、2012年
・小西貞則、越智義道、大森裕浩『計算統計学の方法―ブートストラップ・EMアルゴリズム・MCMC（シリーズ予測と発見の科学５)』朝倉書店、2008年
・樋口知之『予測にいかす統計モデリングの基礎―ベイズ統計入門から応用まで（KS理工学選書)』講談社、2011年

⑵　金融工学分野

・FFR+編著『リスク計量化入門―VaRの理解と検証』金融財政事情研究会、2010年
・ジョン ハル著、三菱UFJ証券市場商品本部訳『フィナンシャルエンジニアリング―デリバティブ取引とリスク管理の総体系［第7版］』金融財政事情研究会、2009年
・ポール・スウィーティング著、松山直樹訳者代表『フィナンシャルERM：金融・保険の統合的リスク管理』朝倉書店、2014年
・牟田誠一郎『金融モンテカルロ―新しいリスク管理手法の展開』近代セールス社、1996年
・湯前祥二、鈴木輝好『モンテカルロ法の金融工学への応用（シリーズ現代金融工学６）』朝倉書店、2000年

⑶　経営科学分野

・大野薫『モンテカルロ法によるリアル・オプション分析―事業計画の戦略的評価』金融財政事情研究会、2012年
・橋詰匠監修、早稲田大学経営リスク研究会編集『ビジネスリスク分析入門―モンテカルロ・シミュレーションの応用事例（早稲田大学理工総研シリーズ22)』早稲田大学出版部、2005年
・山本大輔著、刈屋武昭監修『入門リアル・オプション―新しい企業価値評価の技術』東洋経済新報社、2001年

事項索引

モンテカルロ法入門

平成27年12月1日　第1刷発行

著　者　大　野　　薫
　　　　井　川　孝　之
発行者　小　田　　徹
印刷所　株式会社太平印刷社

〒160-8520　東京都新宿区南元町19
発　行　所　**一般社団法人 金融財政事情研究会**
編 集 部　TEL 03(3355)2251　FAX 03(3357)7416
販　　売　**株式会社 き ん ざ い**
販売受付　TEL 03(3358)2891　FAX 03(3358)0037
URL http://www.kinzai.jp/

ISBN978-4-322-12829-1